王永亮 郑茗元 ◎ 著

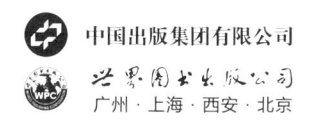

中西文论对话版图中的

中华美学基因

传承与当代表达研究

ZHONG-XI WENLUN DUIHUA BANTU ZHONG DE
ZHONGHUA MEIXUE JIYIN CHUANCHENG YU DANGDAI BIAODA YANJIU

中国出版集团有限公司

世界图书出版公司
广州·上海·西安·北京

图书在版编目（CIP）数据

中西文论对话版图中的中华美学基因传承与当代表达研究 / 王永亮，郑茗元著. -- 广州：世界图书出版广东有限公司，2025.4. -- ISBN 978-7-5232-2152-5

Ⅰ . B83-092

中国国家版本馆 CIP 数据核字第 20252XR173 号

书　　名	中西文论对话版图中的中华美学基因传承与当代表达研究 ZHONG-XI WENLUN DUIHUA BANTU ZHONG DE ZHONGHUA MEIXUE JIYIN CHUANCHENG YU DANGDAI BIAODA YANJIU
著　　者	王永亮　郑茗元
责任编辑	张东文
出版发行	世界图书出版有限公司　世界图书出版广东有限公司
地　　址	广州市海珠区新港西路大江冲 25 号
邮　　编	510300
电　　话	020-84184026　84453623
网　　址	http://www.gdst.com.cn
邮　　箱	wpc_gdst@163.com
经　　销	新华书店
印　　刷	广州市迪桦彩印有限公司
开　　本	787 mm × 1092 mm　1/16
印　　张	15.75
字　　数	221 千字
版　　次	2025 年 4 月第 1 版　2025 年 4 月第 1 次印刷
国际书号	ISBN 978-7-5232-2152-5
定　　价	65.00 元

版权所有　侵权必究

咨询、投稿、反馈：020-84460251　gzlzw@126.com / 020-84451258　875936371@qq.com

（如有印装错误，请与出版社联系）

序

王永祥

（南京师范大学外国语学院院长）

在当今全球化浪潮汹涌澎湃的时代，文化的交流与碰撞日益频繁，中华美学作为中华文化宝库中的璀璨明珠，其传承与发展面临着新的机遇与挑战。王永亮、郑茗元二位老师所著《中西文论对话版图中的中华美学基因传承与当代表达研究》犹如一盏明灯，为中华美学在新时代的传承与发展之路照亮了方向。

该专著系统而深入地探讨了中华美学在中西文化交流大背景下的传承路径与当代表达方式。从全球化的宏观视角出发，它敏锐地揭示了中华美学基因所蕴含的独特价值以及在当代所具有的深远时代意义，着重强调了在传承过程中积极创新、在跨文化对话中不断推动发展的重要性。通过跨学科的综合研究方法，该专著犹如一位技艺精湛的考古学家，深入挖掘中华美学基因的历史渊源，夯实其理论基础，并清晰地展现了其在现代艺术设计、文化传播等众多领域的广泛应用及其深远影响。

研究明确指出，中华美学基因的传承需要多维度的支撑路径，其中教育体系是根基，文化产业是载体，公共文化活动是平台，同时还要注重与现代科技手段的紧密结合，如此才能实现创新性表达并在更广泛的范围内传播。此外，丰富的实践案例和代表作品评析如同一颗颗璀璨的珍珠，镶嵌在该专著之中，有力地验证了中华美学基因在当代"世界诗学"构建版图中所展现出的强大生命力和令人瞩目的创新力。这一研究成果不仅极大丰富了中华美学的理论体系，更为中华文化在国际舞台上的传播与交流提供了坚实有力的支撑。

在全球化浪潮的有力推动下，中华美学基因的当代表达正站在机遇与挑战并存的十字路口。该专著深刻探讨了如何在这样的时代背景下，巧妙地实现中华美学基因的创新性表达与广泛传播。它积极提倡借鉴国际先进的艺术理念和方法，为中华美学的创新与发展注入新的活力。在全球化的大舞台上，各国文化之间的交流互鉴日益频繁，这为我们吸收和借鉴他国优秀文化成果创造了极为便利的条件。通过深入学习和借鉴国际前沿的艺术理念与方法，我们能够不断拓宽自身的创作视野，丰富艺术表现手法，从而推动中华美学在全球化语境下实现创新式发展。这种跨文化的深度交流与有机融合，将进一步提升中华文化的国际影响力，使我们的文化自信更加坚定。

该专著还着重强调了数字化技术和新媒体平台在中华美学当代表达中的关键作用。随着科技的飞速进步，数字化技术已成为文化传播的重要利器。借助数字化高清重现、虚拟现实等先进技术手段，我们能够以更加生动、逼真的方式展现中华文化的独特魅力。与此同时，新媒体平台的异军突起也为中华美学的传播开辟了更为广阔的渠道。凭借这些平台的强大传播力，我们可以将优秀的中华文化作品推向世界的每个角落，让更多的人有机会领略中华美学的独特风采。在这一过程中，一个显著的创新方向是将传统元素与现代设计完美融合。这种融合绝非简单的拼接或模仿，而是在深入透彻理解传统文化内涵的基础上，巧妙运用现代设计理念和手法，精心创造出既富有时代气息又保留鲜明民族特色的艺术作品。

该专著对中华美学研究领域而言，具有不可忽视的重要学术贡献，其学术价值主要体现在以下几个关键方面。

序

其一，该专著从中西文论对话这一独特而新颖的视角切入，对中华美学基因的传承与当代表达展开了深入细致的探讨。这一独特视角犹如一把利刃，突破了传统美学研究的固有局限，将中华美学置于全球化与文化交流的宏大背景之下进行全方位审视，同时为中西文化互动作用下的美学发展提供了全新的研究思路。通过对中西文论异同的深入对比分析，该专著成功揭示了中华美学基因的独特内涵与传承价值，进一步充实和完善了中华美学的理论体系。

其二，在研究方法上，该专著展现了较高的创新性。它综合运用跨学科的研究方法，将文学、美学、历史学、文化学等多个学科的理论和方法有机融合，构建了一个全面而深入的研究框架。这种跨学科的研究方法恰似一张细密的知识之网，不仅有助于全面、精准地把握中华美学基因的多元内涵，还为解决美学研究中复杂棘手的问题提供了全新的思路和坚实的方法论支持。

其三，该专著通过丰富多样的实践案例和代表作品评析，巧妙地将理论与实际紧密结合起来，显著增强了研究的实践性和可操作性。这些案例广泛涵盖了艺术设计、文化传播、公共教育等多个重要领域，生动形象地展示了中华美学基因在当代社会的传承与创新实践。通过对这些案例的深入剖析，该专著不仅有力地验证了其理论观点的正确性，还为广大相关领域从业者提供了宝贵的实践经验和深刻的启示。

其四，值得一提的是，该专著还提出了多种极具创新性的中华美学基因传承路径和当代表达方法。这些方法涵盖了教育体系内的课程改革和教学创新、文化产业领域的创意设计和市场推广，以及社会层面的文化普及和审美教育等多个层面。这些方法的提出，犹如为中华美学基因的传承与创新绘制了一幅详细的路线图，不仅为其提供了具体可行的实践指导，也为推动中华文化的国际传播与交流贡献了丰富的养料。

综上所述，专著《中西文论对话版图中的中华美学基因传承与当代表达研究》在学术研究中具有极高的价值。其独特的研究视角、创新的研究方法、丰富的实践案例以及具有指导意义的传承与表达方法，共同为中华美学研究的深入发展注入了强大动力。当然，如同任何一项研究一样，该专著也存在一定的局限性。但通过进一步拓宽研究视角、引入量化研究和实证数据的方法，以及加强对国际文化市场动态和趋势的关注等一系列改进措施，我们有理由期待在未来的研究中能够取得更加深入、全面且具有前瞻性的成果，为中华美学的传承与创新贡献更多的智慧和力量。

前　言

西方文论的百年引入为中国当代文论的变革与创新提供了强大的理论支撑，同时也造成了事实上的逆向影响效应。与纷至沓来的西方文艺思潮相比，中国文论话语建构的现代转型和国际化输出之旅虽不能说是裹足不前，却也举步维艰。在背负传统与面向世界之间艰难穿行的当代文论机制建设，除了中西冲突之外，多少显得有些力不从心。正是在此现实情境下，中国与海外学界继"西方文论的中国式解读"之后，近年来又提出了"中国文论经验的世界化走向"命题，试图从中探寻出中国文化输出的学术策略与某种解决问题的办法。如同现代性、后现代主义和世界主义等文论概念一样，全球化人文主义理论资源的共享趋势也不是偶然的。这一理论思潮再度兴起的文化土壤和学术氛围，与"世界诗学"的构建机制有着某种平行的因素。因此，中西文论对话版图中的中华美学基因传承与当代表达研究与反思，说到底就是世界人文主义在进入全球化时代后，与天地万物齐一的现实精神境界，它着重阐述的是一种多元的中华传统文化的审美特质和全球人文理念。

本专著试用文论知识谱系注解国别思想史的综合之法，大胆跨越学科，比较流派，兼顾互动；强调以文论为中心、兼顾人文学术发展的全局综合比较之法，复以中华美学基因传承（话语重构）与当代表达（文化输出）两大研究对象为逻辑主脉，以期绘制出一幅中西文论对话、交融的百年流变图，分门别类地勾勒出中西文论彼此派生、互相沿革的思想脉络；并在此基础上，适当评价其优劣长短，尽可能地从全球人文的视角梳理出世界文论体系建构的学科史框架。在世界文学研究领域，全球化时代下中华传统审美文化的价值传承与当代表达话题将经历一个重新建构的过程。有鉴于此，中西文论对话版图中的中华美学基因传承与当代表达研究也应该通过有效的中西文论对话，从全球超民族主义的世界艺术视角，来探讨所有人文学科面临的具有普遍意义的根本论题，发出中国人文学术思想自己的声音。

目 录

第一章 导言 ……………………………………………………… 1
  第一节 国内外研究现状综述 ………………………………… 1
    一、国外研究概况 ………………………………………… 2
    二、国内研究概况 ………………………………………… 3
    三、问题与启示 …………………………………………… 5
  第二节 本研究的本体意义及创新点 ………………………… 6
  第三节 论述内容：目标·方法·框架 ……………………… 6
    一、研究目标 ……………………………………………… 7
    二、研究方法 ……………………………………………… 8
    三、研究框架 ……………………………………………… 9

第二章 中西文论对话机制的共同基础 …………………………… 11
  第一节 哲思基础与构意经验 ………………………………… 11
    一、经验引导与先验主导 ………………………………… 12
    二、文艺本质与审美至境 ………………………………… 19
    三、异质同构与现代普适 ………………………………… 23
  第二节 思维模式与文化规则 ………………………………… 28
    一、整体思维与分析思维 ………………………………… 30
    二、逻各斯与"道" ………………………………………… 39

三、依史与依哲………………………………………………44
第三节 主体精神与学术责任………………………………………50
一、诗与技艺：对立和统一…………………………………50
二、弥纶群言与文论概念：广义和狭义……………………54
三、诗学与文论：不可通约性………………………………56

第三章 中华美学域外传播视域中的文化自觉性与理论自信力…61
第一节 中华美学西化史的接受和演变……………………………61
一、实用主义的中国古代诗论样式…………………………62
二、审美主义的中国古代诗论意蕴…………………………66
三、语言转向的中国古代诗论经验…………………………69
第二节 中华美学的当代海外发展态势……………………………75
一、融通与互补………………………………………………76
二、转换与重建………………………………………………81
三、规划与运作………………………………………………85
第三节 中华美学的文化基因传承与当代表达方式………………89
一、从内涵构成到价值取向…………………………………90
二、从审美自律到文化启蒙…………………………………95
三、从语义溯源到当代旨归…………………………………100

第四章 中华美学人文学术话语权的反思与建构…………………107
第一节 诗性思维的求真底蕴………………………………………107
一、深幽朦胧的体悟意会……………………………………108
二、严实细密的逻辑推理……………………………………114
三、思辨抽象的诗之本质……………………………………115
第二节 话语世界的体验重心………………………………………118
一、形态类型…………………………………………………118
二、表征秩序…………………………………………………121

三、构意路径 ……………………………………………… 128
　第三节　文化空间的焦点透视 ………………………………… 133
　　　一、形上与形下 …………………………………………… 133
　　　二、在史与非史 …………………………………………… 138
　　　三、无心与入心 …………………………………………… 143

第五章　中华传统美学走向世界的有效性和出路 ………………151
　第一节　中国诗学传统国际软实力的提升 …………………… 151
　　　一、历史地位与现代诉求 ………………………………… 152
　　　二、美学特质与诗性品格 ………………………………… 156
　　　三、多元共生与理论创新 ………………………………… 162
　第二节　中华美学外宣译介工作的推进 ……………………… 170
　　　一、中国语境的全球化内核 ……………………………… 171
　　　二、民族文化的国家形象建构 …………………………… 174
　　　三、中国梦复兴的海外弘扬 ……………………………… 176
　第三节　中国文论世界化输出路径的构型 …………………… 177
　　　一、立足平等　融汇古今 ………………………………… 178
　　　二、双向阐释　博采众长 ………………………………… 185
　　　三、求同存异　学贯中西 ………………………………… 192

第六章　结语 ………………………………………………………209
　第一节　人类命运共同体的文化初心与理论逻辑 …………… 210
　第二节　世界诗学的绘制版图与范式格局 …………………… 216
　第三节　中华美学的拓展空间与未来走向 …………………… 227

参考文献 ………………………………………………………………231

第一章 导言

中西文论对话版图中的中华美学基因传承与当代表达研究，从发生学、本质论的角度来讲，主要是一个反思性的议题。它既是对中国近百年来学习西方文论所存在问题的反思与批判，同时也是对中国当代文学理论被全球域外文论界所认可和接纳的一种理想的实现与追求。

第一节 国内外研究现状综述

在中西文论的对话交流史上，中国文论与西方文论大规模的相遇迄今为止发生过三次：第一次是"五四"前后，以王国维、梁启超、鲁迅、胡适等人对欧美文论的译介为代表；第二次是从1949年到1966年，以对俄苏文论的接受和以朱光潜、伍蠡甫、袁可嘉等人对西方文论的译介为代表；第三次是新时期以来40年（1978年至今），以全方位吸纳与传播西方文论为主要特点。比较这三个阶段，在第三次中西文论的相遇中，西方文论在中国传播的广度和深度远远超过了前两次，西方文论（特别是20世纪文论）对中国文论建设的影响也更明显。新时期以来，中西文论的交流与互动研究已全面升级，而"中西文论对话版图中的中华美学基因传承与当代表达研究",需要从世界诗学的参照体系来谈论中西文艺理论对中华美学的文化传承与当代表达方式的前沿学术议题,通过重构"中华美学精神核心价值观"的中西通融平台,进而展现世界诗学观的审美风范。

一、国外研究概况

国外的中国文论体系研究已经有了长足进展,随着中西文论比较研究范围的不断深入,其衍变、发展的过程历经了以下三个阶段,出现了三种交流的互动模式:追补式、叠加式、平行式。

第一个阶段:初步关注。西方文论对中国文艺理念问题的关注早已开始,可以上溯到启蒙运动,甚至到古希腊柏拉图、亚里士多德以来对"东方"的看法。从已发现的文献材料来看,海德格尔(Martin Heidegger)、荣格(Carl Jung)、瑞恰兹(Ivor Armstrong Richards)、燕卜荪(William Empson)等学者对中国文化格外青睐,都不同程度、直接或间接地讨论过中国文学艺术和思想文化问题,但由于资料来源的局限及对中国古典文论美学问题的隔膜,他们对中国理论的选择、强调与借鉴,对中国问题的解读与发言存在诸多偏误。

第二个阶段:中国文论美学专题文献的海外传播与外宣翻译。从文化输出和交流侧重点来看,该阶段中国古典文论《文心雕龙》《人间词话》《管锥编》外译的文论思想传播,主要面向西方知识界,总体上具有较强的文学艺术风貌,在译本术语和文论思想传达准确程度方面是较为成功的。其美中不足之处,主要涉及中国古典美学思想和西方文学经典文本内部语境的多处不连贯性。

第三个阶段:西方汉学界的中国文论研究。今日的"海外汉学"或曰"海外中国学"研究,早已远远超越了数百年前西方了解东方的初衷,而成为现代学术体制的一个组成部分。就我们所要谈的中西方文学理论批评领域而言,其研究成果与海外中国现代文学史相比,研讨力作与进展势态不可同日而语。更重要的是，中西文论的对话策略与国际文化的全球化整合已是大势所趋，中国文论话语构建的海外研究视野作为一种参照体系，国外研究中国文论知识谱系在海外汉学发展理论图景中的原创性成果才刚刚开始起步。

二、国内研究概况

从20世纪80年代至今，国内中西文论对话交流百年回顾的研究史大致可分为以下四个阶段来进行综述。

第一个阶段："西方文论对中国的影响"或者"中国对西方文论的接受"。周发祥教授的《西方文论与中国文学》（1997）、周小仪与申丹教授合著的《中国对西方文论的接受：现代性认同与反思》（2006）、代迅教授的《西方文论在中国的命运》（2008）对于西方文论的研究，主要侧重介绍和应用。这些成果主要关心的是西方文艺思潮里有哪些先进的批评理论和方法，它们在对中国现当代文学的阐释中是否有效，并评介、总结了中国文学界移植西方文论观念的种种尝试，为我国文学理论和文学批评在新的历史时期的发展提供了一种参照和借鉴。

第二个阶段：中西文论的横向比较和平等对话。王晓平、周发祥、李逸津教授合著的《国外中国古典文论研究》（1998）、余虹教授的《西方文论与中国诗学》（1999）、曹顺庆教授的《中西比较诗学》（2010）、邹广胜教授的《中西文论对话：理论与研究》（2011）、蒋述卓教授的《古今对话中的中国古典文艺美学》（2012）均从比较文论的角度，梳理了西方文艺理论研究专家是如何看待和阐释中国古典文论思想，如何根据他们特定的西方历史语境和文化背景接受中国文论观念，还重点阐释了中国古典文化遗产、美学遗产在另一国度、他者民族环境中的命运及它们与别的民族的文化思想的化合、演变及其影响。

第三个阶段：西方文论的中国式解读和本土化嬗变。王一川教授的《西方文论中国化与中国文论建设》（2012）、朱立元教授的《外国文论中国化》（2015）、曾军教授的《新时代中国文论海外传播的前奏——基于对"20世纪西方文论中的中国问题"的考察》（2016）、张江教授的《当代西方文论批判研究》（2017）都解读了西方文论传入中国后的中国化过程，并且探讨了中国现代文论建设的方向，坚持认为：面对中西文论的冲突，我们应采取对话、融合、创造的立场和态度，以建设中国现代文论体系。中西文论的冲突、融合是近百年来中国文论发展的基本线索，探究这个线索，对于中国文论的现代发展具有非常重要的意义。

第四个阶段：中国文论的世界化走向和理论建构。古风教授的《中国文论"走出去"的若干问题探讨》（2010）、王宁教授的《中国文论如何有效地走向世界？》（2013）和《再论中国文学理论批评的国际化战略及路径》（2016）均从"域外汉学"的研究视角出发，将中国文论"走出去"的问题首次明确提了出来，并就中国文论"走出去"的历史和现状、方法和路径、障碍和对策，以及话语输出、对外翻译和经验教训等若干问题进行了探讨，主张采取中外合作、以我为主的方针，为中国文论的话语建构体系争取国际地位，有效地促使中国文论早日走向世界。

第五个阶段：走向"全球人文"的后理论时代。王宁教授的《告别边缘：中国人文如何走向全球人文？》（2018）和《反思全球化、数字人文与国际传播》（2022）均从"跨学科的"全球人文研究视角出发，在国际背景下讨论了关涉中国文化和人文学科（哲学、文学、历史和艺术）的前沿理论话题，极大地推进了"全球化时代的人文主义"在整个国际学界的研究进程：一种超越了一般意义的世界主义的崇高阶段。

三、问题与启示

第一，鲜明优势与隐在缺陷并存：由于中西方具有中国文学西播和西方理论东渐两种流向，移植研究也就出现了两种渊源和两种潮流。严格来说，中西方文论知识谱系的双向移植研究，发展状况极不平衡，在很长一段历史时期内，彼此间又缺乏普遍的接触和联系，因此，我们认为对它们分而述之，是比较恰当的。

第二，研究视角的单一与褊狭：20世纪末中国文学理论思潮、文学、文化与西方的关系研究热点问题常常困在理论和主义观念的漩涡里而不能自拔，往往定位于一个视点切入，然后又自缚手脚，终止于这一视角的研究而裹足不前，缺乏对世界文论观所关注和追寻的诸多问题进行内涵层面的深入探讨和全面解析。至此，我们需要反思我们研究方法的局限性和批评视角的褊狭性，希望通过抱有一种广阔的全球人文关怀，来达到"全球对话、多元共生、天地有大美"的世界文化格局与崇高境界。

第三，研究现状的显著盲点和本课题的切入点：虽然西方文论在中国的译介已经成为当代中国文论话语转型进程中的重要环节之一，但中国学者在借鉴西方理论时存在着明显的简单套用、挪用移植的现象。认真总结当代中国文论话语建设在对待西方文艺思潮的学术态度上，有哪些独到的逆向影响力和文化输出策略，将成为中国文论"走出去"、复兴当代中国文化思潮，开展中西文论对话交流，建设全球共享共识的世界诗学文艺理论机制的重要途径。在这个意义上来说，中华美学精神的核心价值理念，势必能超越特定历史时期的文论概念束缚，批判地继承世界主义的人文关怀传统，并将其提升到全球化时代"大美"与"大善"的高度。

第二节　本研究的本体意义及创新点

西方文论的百年引入为中国当代文论的变革与创新提供了强大的理论支撑，同时也造成了事实上的逆向影响效应。与纷至沓来的西方文艺思潮相比，中国文论话语建构的现代转型和国际化输出之旅虽不能说是裹足不前，却也举步维艰。在背负传统与面向世界之间艰难穿行的当代文论机制建设，除了中西冲突之外，多少显得有些力不从心。正是在此现实情境下，中国与海外学界继"西方文论的中国式解读"之后，近年来又提出了"中国文论经验的世界化走向"（陈望衡，2005：81）命题，试图从中探寻出中国文化输出的学术策略与某种解决问题的办法。如同现代性、后现代主义和世界主义等文论概念一样，全球化人文主义理论资源的共享趋势也不是偶然的。这一理论思潮再度兴起的文化土壤和学术氛围，与"世界诗学"的构建机制有着某种平行的因素。因此，中西文论对话版图中的中华美学基因传承与当代表达研究与反思，说到底就是世界人文主义在进入全球化时代后，与天地万物齐一的现实精神境界，它着重阐述的是一种多元的中华传统文化的审美特质和全球人文理念。

第三节　论述内容：目标·方法·框架

中西文论对话版图中的中华美学基因传承与当代表达研究，从发生学、本质论的角度来讲，主要是一个反思性的议题。它既是对中国近百年来学习西方文论所存在问题的反思与批判，同时也是对中国当代文学理论被全球域外文论界所认可和接纳的一种理想的实现与追求。当代中国文艺批评理论对西方文论观念的逆向影响力研究范式，就是将当代中国文论思潮的文学效应和影响力置于西方国家的文化语境中来加以检验。具体地说，就是对中华美学精神在海外的传播、影响及其西化变异过程进行一次全方位的解构，特别是要针对这种过程中的中西文论对话主义研究方法及中国现当代文论的文化输出路径进行反思。

一、研究目标

本专著拟以全球人文概念的兴起和国际传播范式的演变为具体剖析个案，通过探索实现中西文论平等对话机制构建的某种可能途径，有效推动着眼于全世界的中外人文交流，希冀通过"西学东渐"和"中学西传"的系统性课题开展，强化立足"当代中国"立场实践的主体研究，并坚持以全人类视野探索"全球人文"的跨学科融合之道，为消解中西文论互鉴版图中的热点问题提供中华美学方案。

西方文论的批评范式优势与学术通则强势，给中国传统文论的思维与言说方式所造成的巨大压力是显而易见的，也是我们当下无法逃避的客观现实。但是，批评概念的全球化、叙述范畴的全球化、文化建构的全球化、文论话语的全球化，使得"全球人文"的评价标准，毅然进入到了人类命运共同体构建意义上的一种全新的全球化法则之内。这个新的"世界主义"的原则概念，在一定程度上也给中华美学基因传承与当代表达的人文学术研究加入了一些表达媒介和科学技术的革命性成分，并令其逐步与国际同行进行直接对话，为中国传统文化走向世界提供了契机。

"整体论"作为一种辩证综合的文学批评范式，力求为"中西文论对话版图中的中华美学基因传承与当代表达研究"提供开放的方法论空间和多元杂糅的理论信息资源，从而在文学理论和文化批评的交叉研究中寻找、发现新的诗学命题，并推而广之地求得具体作家具体作品的实证展开，实现诗学阐释"一般寓于个别"的理想遵循状态，更要在一些具有全球普遍意义关切的基本理论方面发出中国优秀传统文化基因的研究话语权。

二、研究方法

第一，不局限于任何单一理论体系作为实施研究中"一以贯之"的批评框架，而本着看清问题的原则，以中西对话主题为导向，坚持"主导、多元、鉴别、创新"的原则，建构一种"具有中国特色、内涵深厚、形态多样的文艺理论体系"。

第二，采用对比分析和叙事分析为主的综合分析法，结合文本研究和语境研究，在中国诗学与西方文论的二维眼界之间建立互文关系，进行比较性的对照与解读，探讨具有"全球人文"学术前瞻性和普遍意义的跨学科交叉研究话题（如全球现代性、世界图像、世界主义、世界哲学、世界语言体系、世界宗教等普世存在问题），讲述中国的故事，阐述中国的理论观点，传播好中华美学人文学术的文化之音。

第三，微观研究和宏观研究结合。中西文艺理论与文学现象、文化形态的共时分析，应从世界历史演进的角度，对一个多世纪以来中华美学理论知识在西方的译介、借鉴及其个案分析进行历时考察，以期能使中国的现当代文论建设汇入到世界现代性文论的大潮之中去。

第四，输入、学习、化用西方文论，必须立足于中华美学基因传承与当代表达研究的实际需要，有目的、有重点、有选择地借鉴、吸纳西方文论的某些思路、范式、理论框架、观点学说、概念范畴、推论方式等，以此作为我们建构新世纪世界文论体系的全球人文理论资源，使之朝着有利于全球人文关怀的人类命运共同体构建方向发展。

三、研究框架

本书的论证框架共分六大主体部分。

第一部分的导言重在把握研究现状、提出问题。

第二部分探讨中西文论对话机制的共同基础,拟考察清末民初时期中国现代文论的发生起源,在西来文艺思潮的学术刺激和模范效应下出现的文化分化和传统新变历程。

第三部分论证中国审美文化外译移植过程中的文化自觉性与理论自信力,拟考察翻译问题在中国当代文论国际化话语构型过程中的作用,着重反思中国文论的知识谱系在西方文论界的接受和演变,以及是如何对西方文论的发展态势发生逆向影响的。

第四部分具体阐释中华美学精神影响下西方文论的有效性和出路问题,指出任何一种文学理论的人文学术话语建构,用于文学阐释都有其相对的语境有效性。"后理论时代"西方文论的出路就在于它应该拥抱西方以外的文学理论生产场和文化空间。在这方面,中华美学的文化基因传承与当代表达话语重构的海外逆向影响力应该有所作为。

第五部分拟考察全球化进程中中华传统美学文化的价值传承和当代表达方式等议题。该部分以中西文论理念一致认可的"世界主义"关键词作为参照,对中华美学精神的世界文化格局(全球对话、多元共生)做出新的建构。

第六部分结语论述世界诗学与全球人文学科体制的构想,兼及当代中华美学文化思潮复兴的反思与重建,内容涉及后理论时代世界文论观的多元批评范式格局重塑与中华美学走向世界的文化输出路径构型。

第二章　中西文论对话机制的共同基础

中西方文论话语建构的学术议题，在中国业界之内始于20世纪90年代，衍生出新时期文论发展方向的多重困境与探索方案问题。聚焦于中西文论的精致内在差异与对话机制的普世入思方式，我们开始逐步反思中国文论学术资源的"失语"现状和传统诗学言说方式的现代化可行性路径等难题。那么，如何充分利用好当下现有的实际生存经验为基础，在继承中西文论整合品质的意义生成上，促成中国文论话语重建的新体系呢？按照这一思路，中国古代文论与当代西方文论的移植和对话，应当是一套表达、解读、倡扬中国文论话语体系建设的学术规则与新理论支点。因此，中西文论对话的当下言说语境与深入交流方式，应以"互识互证、共存共生"的思路根源为范畴目的指向，同时以一种"和而不同"的清醒姿态，辩证地认识并维护好这一异质性共生话语言说空间的原生态力量和独立品性。

第一节　哲思基础与构意经验

中西文论在哲思基础与构意经验的核心概念及研究对象层面上，有许多无法回避的通约性。从各自的语言艺术角度来说，它们的美学理念和价值取向都有其合理性的一面，也有其可商榷、可内省借鉴的一面。从"超语言"的知识性特点出发,中西方各自不同的哲学先验框架拉开了中西文论运思言路的差异,导致中国文论的"言外之意"描述成了一种经验直观式的感官话语,而西方的严密逻辑思维背景和分析性学科范畴依据,则成为西方文论之思——"理性言说"话语——的形而上依托。

一、经验引导与先验主导

如前面所述,从表面上看,"言不尽意"对中西诗学和文学语言艺术而言,似乎都是一个无法逃避的重要论题。中国古代文论思想中的"言意论"及西方黑格尔所倡扬的"表意论",都抓住了"语言本质"的超语言性特点,但这些论述均未能用语言表达出一种特殊的东西,即"人们所思所想的东西"。因此,中西方诗学对"意"的这种"只可意会,言之不尽"的超语言认识,就因各自不同的知识性哲学背景而更进一步拉开了各自言路、神会思路的差异。中国文论对"言外之意"的妙悟性思维和整体性运思,导致中国哲学的先验设定对感性经验的直观描述缺乏抽象知识的依据框架,还是重点停留在非经验性直觉思维的内省体悟和批判反思上。而西方文论话语的知识学科背景和逻辑思维范式,则成为受这种分析背景发展起来的"逻各斯"中心范畴的一种学科性制导方向,因而,西方文论便具有了一套较为细致严密的分析性依托体系。至此,中国文论的"文学之思"便能将有性的、形而上的感官经验形式置换为一种无性的、抽象的、形而下的"经验描述式话语"表述出来;而西方文论的理性言说话语就只能用逻辑分析性的严密科学语言来表达形而上的、抽象性的文学之思了。

人类的思想是有限的,但是,人类思想发展史的认识论和方法论是严明的,是永恒的。它们对世界主意的把握只是完全仰仗于先人先民的经验性描述才得以存在,缺乏一种科学、系统的思想方法来说明

第二章　中西文论对话机制的共同基础

全世界人类共同的生命信仰和价值取向。这种思想特点，对中西方文论话语的论述命题和观念内容也有着直接的影响。中国文论的全部观念都存在于感官经验的心理范畴之中，是超出人的感官经验之外的，是可以在基于感觉的理性思维理解中去表现、去还原的。这种以感觉经验为基础的心理表象再现，主要就存在于文论话语的审美经验对文学思考的感官认识和非理性表述里。这种抽象性的概括式语言观影响了中国文论对经验对象追求"言外之意"的审美立场，间接造成了没有语言参与的"言不尽意观"在文论中曾一度被人遗忘的尴尬局面。然而，中国文论这种重意会、轻语言的传统诗性初衷，令中国古代的抒情派诗学常常津津乐道于心性自省的模糊影响力，而忽略了"无言之意"的"言传效应"问题，于是便创造出一种以感受的经验性描述为主的言说方式，并立足于当代，对之进行现代阐释与潜在改造，以适合当代全球化文学发展的实际情境。

中国古代文论的混沌性思维基础，总是把"意会"的对象和效果看作是一个不可分割的整体来感悟。这样一来，诉诸直觉经验的审美态度对"美"的审视就有理由联系"意会"给人的最初印象，来完成文学的审美心理对"美"的表述使命了。周知，中国古代文论的"意致"追求是建立在宇宙万物之美的心理经验与感受之上的。这种"独与天地精神往来"（陈振濂，2000：126）的哲学观，便是中国传统文学理论及审美心理创作过程的一种经验表述。它的神思韵味与心理经验表现的是一种"近而不浮"的直觉感悟，囊括的是一种"远而不尽，非概念所能"的微妙审美体验。"非语言所能穷尽"的中国文论诗学体系具有较高的文学解释力和内在反思力，其对通感经验的审美感受是用复杂的原初意义思想描述出来的。而西方文论的思想构建体系中也谈到了类似的问题，它认为"有关思想的思想"的文学理论涵义，既是一种时间艺术，也是一种空间艺术，并且将其对"美"的韵味领悟分解为若干事实、环境、原理来演绎与综合。况且，西方的现代文学观念是一种特殊的话语体裁，它所指向的媒介符号和所包含的形体事物是互相协调的，可以很自然地表现、模仿那些耳闻目见的所有对象，也可以在超然于具体学科之外的人文科学领域来规范文学。那么，中西方文论话语的言说系统，在涉及文学的本质、文论的本质、艺术的本质等诸如此类的抽象问题时，又该何去何从呢？这里，我们不妨从中西文论发展历程的实际出发来横向比照一番。

文学本质和艺术本质的哲学体系命题，从古至今都十分有代表性，同时也是西方文论中试图给"美"下个定义的一个重要命题。中国古代文论也探讨过"美是理念的感性显现"（蔡仲德，2004：15）的世界观命题，其命题的语言表述可分解成若干部分：感性、理念、感性与理念的关系。这三个要点的表述与推导，西方文论也研究过，只是西方文论的话语体系在表述这个命题时，把"美"的定义上升到"美的内容与形式"的整体关系上来，是一种具有理性知识、逻辑性语体特色的系统范畴。就中国古代文论的批评实践来看，它的话语表达与命题言说特别倚重完整地保留审美经验的鲜活性。这种文艺学经验方法的传达优势，就在于它的理论批评经验完全没有西式那种分解剖析型的审美色彩，有的只是"兴论"言说的当下体验与神思例释。这种融情于景、明心见道的对应合一过程，不仅是对当下体验之物的经验感受，而且是对心物交融原初状态的体悟还原与冥合。因为在中国文论中，话语的经验性是借当下体验的瞬间性和心物性来传达的，是一种描述情景关系的心灵洞见。这一点文思之妙与经验陈述，无独有偶，也在中国古典文论的当代诠释中被论述过。它除了在内容上传达过情、物、言、艺的审美心理经验之外，还从古典文论的价值估量出发，对当代文艺学理论体系建设的审美属性做了说明。再拿中国古典文论的"兴趣说"和"韵味说"来说，它们对审美经验的表述，无非是借具体感官的感觉经验来打通"言有尽而意无穷"的心理通感，其妙处是用文艺的美感和特征来简约而明了地描述不可理性言说的

第二章 中西文论对话机制的共同基础

"难言之意"。这些直接传达感官经验、心理经验的言说方式，实际上与西方现代文论思潮所提倡的文本思维性鉴赏经验有着直接的承继关系。这些直接传达感官经验、心理经验的言说方式，实际上与西方现代文论思潮所提倡的文本思维性鉴赏经验有着直接的承继关系。它们对感官经验和心理体验的双重体悟和重视，都传达了当代文艺学的形而上特性和审美特点。

据此，不难看出，比附自然的中式"原道"文论，继承了"象外之象，景外之景"的含混言述方式，是依据心理感受的只言片语和经验体悟的合二为一才形成的。从认识论的角度来说，这种虚无的"不可言传"的艺术境界是一种非理性认知的精神状态，也是一种排除各种杂念、近乎无意识的心理经验。在此经验感受基础上发展起来的庄子"心斋说"，说白了也是一种对非理性的、忘物忘我的精神状态与道通为一体的感官经验所做出的进一步解说与描述。同时，专注于"诗"的思考的《二十四诗品》，也同样以最大限度的高超言说方式（无法言说的言说），隐喻性地将一元论之形而上观念与自然万象之形而下经验类比性地结合在一处，从而向我们暗示了中国文论言说对象的核心议题——感官经验。由此看来，中国古代文论这种以表述审美心理的感官体验为内容的直接构意方式，早已上升到了并非个别而是普遍的理论概括型层面，是一种不同于理性逻辑知识、汇于智慧观照之中的纯粹式主观精神体验（黄可馨，2000：117）。这种"主观心理经验性"的自由状态，像禅宗悟禅、"即心即佛"的心领神会一样，十分接近于人类内心的"自悟"活动。所以，以禅喻诗的"妙悟"经验热衷于将审美的心理本色引入诗学之中，并对文论本体的实相诗境做了理论说明，确实是一种直觉跃迁、直指生命情感的直觉体验。这种思维方式的获得与分析只在于一种"悟"的心的体验，难以用理性认识的具体逻辑性来概括。

一言以蔽之，中国文论的言说问题是一种"以意会意"的思考方式和表达方式。它只是注重心理的感受和经验的感受，是一种认知心理学理念上的知识论表述体系（戴阿宝、李世涛，2006：127）。就运思与表达的心理经验出发点来看，中国传统文论的古典思想就有别于西方传统。中国古人的文学之思，更注重眼前鲜活的"天地之道"的呈现方式，不相信感性、具体的事物背后隐匿着一种接近本质的"真相"。这种"经验性"的话语呈现方式，在古典文论的批评实践中完整地保留了"道说"与"人文"的统一性，当然也就是文论话语审美经验的鲜活性与诗性。这种"诗性"特征可以说是古代文论表述方式的最大"经验性"优势，它能给读者带来一种情味十足的悦读快感，使原本抽象的文论大纲变得明晰起来。另一方面，由于古代文论的构意经验缺乏知识论的抽象依据，特别是涉及文学的本质、美的经验这类解说性的问题时，长期以来就只是停滞在"心物交感"的内省式体悟上，故而难以摆脱直观经验的心理束缚去审视中国文论的民族特色。尽管如此，中国古代文论对文艺性质和规律的确切判断与深入思考，正是以这种先验设定式的独特话语姿态独秀于世界文论之中，潜移默化地产生着其独特的影响规范和批判性贡献的。

如果说，中国古代文论的经验内容是以彰显诗性的体悟话语来表述构意的话，那么相反地，西方文论就主要是以先验设定的"理性认知"来构意的。尽管中西文论的直观经验思路十分相似，二者一直以来都是在反抗理性的概念和范畴上，对文学的"诗思之路"问题进行思考和讨论，但中西方不同的知识背景，却使得这些相近"理论规范"的解释效应和确证程度在话语言说层面拉开了差距。西方文论的"逻各斯"思维背景和认知哲学背景，都极大地影响了文学之思的话语方式以"逻辑分析性"为构意核心的理性特征。西方唯理主义的经验传统，特别强调理性的普遍必然性和逻辑确定性，认为感官和感觉的思维结合具有超越先天性经验的认识论原则，不能在个别的、偶然的感官经验和感性内容中寻找，只能从概括、抽象的思维能动规律中

第二章 中西文论对话机制的共同基础

寻求。据此不难看出，西方哲人就是这样从理性认识的来源上，来设定西方文论话语构意途径的"心性"规律的，即"思维把握存在"的认知规律，从而也就奠定了中西文论关于文学原则体系的不同构意形态和研究方式（Thickstun，1988：131）。

西方文论的前浪漫主义传统和柏拉图的"理式论"观念，一直以可感可知的理念世界设定"心之本性"，认为一切具体的客观存在的个体事物和感性经验都是由"理念"所统帅的。因此，人们要获得真理，不需对运动和变化中的个体事物进行认知，只需对科学知识进行"理式领悟"即可。故西方文论的价值体系在表述文学观念时，摒弃了感觉经验的一切不确定性与非真理性，反而以知识分析性极强的理性语言表达了文学的一般性问题，以及文学批评和文学史的意识形态问题。这种"先验"设定的理性本领，排除了感官感受的概念原理，用一种超越于个别事物之外的准确话语，造出一切有生命的"存在之根据"，使文学理论的发展形态更加多元化，也更具反思性。这种"理论"话语的意义范畴，排斥的是感觉的非理性经验，传达的是和哲学互通的理性的内容，尤其是在了解和认识"灵感"现象的描述时，西方文论的理性分析凭借的是"认知理性"的内在规律来思考文学原理的价值标准问题，而中国文论家则十分重视以"丰实的审美经验感受"（Moore，1903：109）来思考、言说文学创作论的灵感状态。

诚然，在中西方文论史中，中西文学鉴赏论的范畴与概念都十分贴近，但对批评文体文学文本的话语表述则有不同。以"想象论"而言，文艺复兴前的西方文论思想体系，就不及中国文论对其那么的重视。这里，亚里士多德的"心灵论"就不同于中国古代文论的心理传达经验。前者采用一种精确的、清晰的知识性言说方式，直接用"想象"的理性内涵去揭示"存在"的抽象意旨，而中国文论则是用大量充满"想象力"的经验型感受语符，去描述、去接近不可言说的神秘

17

之物。所以说，西方文论对"想象"的定义和判断，更力求贯彻新兴科学的理性原则，这进一步体现了分析分类的意指性。西方文论擅长对"想象"的心理能力做微观的局部分析，认定只有凭借这种冷静分析的表达能力，文学文本中的解释性内容才能把许多虚构性的东西组织在一起，达到驾驭故事情节"逼真现实"的总体目的。与此类似，弗兰西斯·培根对"想象"功能的归纳与表述，显然也是建立在理性思辨基础上的、具有很强的科学认识内容的智力形式。他的"想象论"从不受物质规律的自然约束，只是着重于将"理解"的想象力以极具逻辑条理的文学方式表述出来："想象是一种精微辨别的创造性的活动。这种活动要靠敏感的资禀和牢固的记忆力，才能把花花世界里的现实图形印入心灵，进而掌握现实、记住世界。"（Martin，1986：30）这句话抓住了"想象"的潜在本质和真实规律，突出了外在现实与内在现实的定性特质，其构意情形丝毫不像中国文论那样，单向地凭借"想象"的心灵显现来解说"想象"的情态样貌，而是靠对"想象"知识的理性求证和内在吸收，尽力将内在于外在现实的理想艺术世界以理性的结构搭建起来，从而达到理想化和统一化的本真状态。

尊崇"纯粹理性"的文学理论观念，奠定了西方文论研究话语的理性构意方式。当然，"理性"的能力，在西方形而上学那里，与那种洞观普遍本质的最高存在理念有关，被公认为是人的一种特殊的心智表达能力。因此，西方文论的"理性"构意之思，作为一种从外部感知返回内在真实的"人心"追索运动，也凸显出了文艺探索的理性革命对思辨的信心和对理性的崇拜。此外，西方文论的话语秩序也排除了一切偶然的感性因素，遵循着一种纯粹抽象性的应用逻辑，在构意旨趣上常常将"意"与"表"相互结合起来，直射西方文学观念的"理性"传统。由于西方文论话语的这种构意方式，一味地择取了纯粹理性的判断逻辑而脱离了具体的感官现象，从而导致了审美经验鲜活性的缺乏与短板，这对于中国读者来说，可能会造成阅读反应上的一些理解性障碍（Eagleton，2005：96）。但是，西方文论这种以抽象性的知识论为本性依据的道说优势，最大限度地排除了个别的非经验性的偶然现象或先验因素，因此，其入思之道的深透批判精神，可以在实践中明晰地抓住事物本质、言说出诗学规律，也有其可取可学之处。

二、文艺本质与审美至境

随着中西文化交际与传播的纵向深入和不断挖掘，西方文论也就进入到中国传统文论自我定位的审辨视野之中。在西方文论的反视基点上，中国文人们看到了另一种与本土文化实践和批评基础截然不同的文论体系。这种中西交遇的文论对话机制，既给中国文论带来了一种全新版的自省体验，同时也给西方文论中国化的冲击力量带来了一系列全方位的改良举措。这些观念上的差异应先从文艺本质与审美至境的诗学观点上说开去。

文艺本质观的基本立场是看待文艺特征和文艺功用的认知视角，它对文艺研究和文艺批评的本质认识可以说是"牵一发而动全身"的。虽然，文艺本质观在中国传统文论的实践中并不居于重量级的地位，这是由中国文化形而下的思维路径决定的。但是，随着西方文学批评史观念的介入，中国传统的文艺本质观与西方文论的"纯文学"见解确实存在着出入，于是，"文学的表情特质"（陈望衡，2000：59）就开始受到中国学者们的青睐了。

在《尚书·舜典》中，"诗言志，歌永言"的表述进一步说明了文学的言志特征和抒情功能，即文艺是作者"情动于中而形于言"（陈文忠，2001：112）的情志表达观。该观点强调了文学的表情特质和启蒙作用，它与西方古希腊时期盛极一时的"文艺模仿论"观点有着巨大的差异，且这一差异并不是由重在叙事的西方文论特点所造就的，更与重在抒情的中国文学价值倾向无关，而是由中西文化观念的根本差异决定的。事实上，任何类型的文学体裁或文艺理论都有反映现实和表现生活两方面的特征。对于两种文化背后的文艺思潮差异状况，只有站在中国文化的艺术性立场上才可以完全体悟，并以"自我表现"的主体概念来理解。这里，"寓意于物"的文艺创作，其"神与万物交融"的描摹对象说到底也不过是主体心志的一种情思折射。于是，这一情思被从主体反映问题的表现视角来形诸笔端，体现了中国文人追蓄已久的天人合一的结撰思想。

言其文艺审美的"至境"（或可称为"极境"），乃是含蓄无垠的文艺美学成就的至高境界，其微妙之处寄托在言在此而意在彼的溟漠恍惚之境。这种可言不可言、可解不可解的艺术典型概念，在文学描写层面上，同自然和谐的理想表达追求是统一的，同"天人合一、体用不二"的言说意志是并列的。与此同时，"艺术至境"的最高标准也是艺术创作和文艺批评的最高追求。在这一层次，自古希腊以来的西方文论命题就是推崇这种关系格局的典型，而中国传统诗学所一贯标举的"意境"则是组构了一种"心-性-命-天-心"的特殊关系（杜卫涛，2004：42）。在这种艺术风格的背后，"意境"的蕴涵是比具体的意象演绎更高一级的美学范畴，是包含了"象""情"两个方面的哲理之思。至此，可以说，中西文论体系的艺术特点终摆脱不了"具象"的缠绕，它们和"典型环境中的典型性格"一样，不但能与普遍抽象的哲理表达融为一体，还能在个人心性的琐事言说中构成一个独立完整的艺术存在，即是中西不同的体用观念在发挥作用。这里，在笔者看来，艺术中的至境存在是一个非常独特的概念。它将"意境"与"典型"的艺术形象差异直接由表示生命、时间、永恒等问题的诗性词语来表现，既说了一些什么，但又好像什么也没说。在这一点上，中西文论的含蓄见地是一致的，尤其是中国传统文论的诗礼格局给我们后人的启示更甚。

中国传统文论的隐喻风格在于不议、不言、不说，这种拒斥表达的形式在"可分析"意义上是一种悖论。在此理解基础上，我们可以认定：它是什么也没有言说，但在"可意会"的特殊意味上，它的言说给人以联想的丰富空间，言外之意的哲理境界依据还是很充分的，这就是"诗中有画、画中有诗"的主要特点和意境特色。相比而言，西方文论的典型概念进入到哲理境界时，则是"博言之美"的明朗风格，也就是一种什么都能言说到的意境之思。它将具象与主体的描写对象联结到一个共时性的统一氛围中，使读者在意境的展现中产生一个想象的空间，以接受一个有恒久价值的无言瞬间。不妨说，西方文论的意境氛围是一个倾向于时间性的历时性概念，它有一个形象特征化、意义丰富化的嬗变过程，这一过程能使人浮想联翩，更好地揭示事物实质、接近本真状态（Smith，1967：105）。

此外，中西文化在艺术的感受方式上也有着不同的强调基调。这一块包括作者对生活的感悟和读者对于作品形象的领会两方面的感受内容。西方文论中的艺术感受是由物及我的线性演绎，其中的理性认识成分起着支配作用；而在倚重感性形式的中国文论体系中，物我交融的至美之境在艺术感受的哲理表达中始终有着牢不可摧的重要作用。这一区别在比较文学的诸多专著中都有所提及：中国文学是以旁观的方式沉浸到人的内心世界的体味中，而西方文学是以参与的方式追求对外部世界的了解（Brook-Rose，1981：48）。这些细腻的"悟"的内心体味特征，在广义的用法上也是一种变相的"隐喻"，这同注重形式的西方逻辑思辨思想是两种不同的路径。对此我们必须考虑到，有许多日常体验在有些文化的觉察中，并不是很容易能被我们感知到的。因为同样微妙的情感体验是否能被文化主体所觉察，取决于这种体验式思维在一定文化情景中被规定的"重大"程度高低而定。有许多日常情感体验，在某种文化情境中，还没有"重要"到足以引起注意的地步，通常就不会被觉察。同理，在一种语言中，不同的情感体验若没有非常丰富的词汇元素手段来做表达上的铺垫，那么这种体验很少被觉察也是情理之中的事，反之亦然。一般说来，人类情感体验上的表达差异并不只是存在于中西文论的思维路径之间。实际上，中国的传统诗学已受到了西方现代文论的很大影响和冲击。这种语言本体论的言说姿态，在阅读不同国度的文学作品时应结合自身文化体验的感受经历，深入到文艺理论的学科内部，探测它的审美意识和审美经验。

再者，中西文论还有着各自不同的形而上境界。在价值论上，西方文论的敬畏基调是以《圣经》中的"神"作为最高价值尺度，以诗与宗教的关系作为评判指南的（Abrams，1953：114）。反之，中国文论的价值尺度是以世俗的具体的人的忠诚度来追溯文学的终极追问价值的，是以伦理价值的具体表现作为最终实践目标的。在文论体系的发展依据上，西方文论是以文论与哲学的清晰关系为倚仗；而在中国，儒学的伦理体系和道学的处世态度才是中国文论整个人文学科的根基，其中尤以儒学内涵与社会现实相结合的抽象学理思想作为基轴来充实自身，以凸显中国文艺的审视眼光和佛学特色。

那么，作为一种把握文艺思想的理论范式，中西文艺理论体系中的某派文论总要有某种程度的抽象意识，才能更多地还原生命进化论的历史观。相对而言，中国文论的形而上境界以理学最为玄奥，它不是与某派哲学挂钩，也不像西方文论中的哲学命题那般的抽象，而是以一种形而上之理的举例言说方式，进入到抽象思辨的哲思层次，讲述存在的世界根本属性，完成对道理的阐释。这里提到的事物的根本属性，从文论学科著述的现代规范看，应该是"天地万物之理"的"道理之极至"（陈伟，1993：53），这个极致的境界必须进入到抽象层次才便于展开阐发与论说。也就是说，从一个例证说明一个道理的举例论证方式，在日常生活中也总可以从另一个例证发端，以表达相反的道理。这种方式的长处便于阐明效果，让人理解；短处就是片面性太强，不足以道明本体与影象的映射关系。其实，从古至今，中国传统文论的言说话语常常从理学的角度出发，以人间词话的诗学语用文体为表达媒介，实际上也就同这种形而上的诗思路径有关。

三、异质同构与现代普适

中国文论的话语规则，在与西方跨文化对话中产生的"失语症"现象，不仅失去了理论成果的杂交优势，也错失了能够与其他文化对话的、具有民族特色的文论发展良机。因此，我们要在古代文论的现代转换中，摆脱对西方文论术语规则的依赖，建立自己的话语范畴与规则，就要立足于中国传统文论人文学术思想的本土资源，在与西方先进国家文化的平等对话中，重建中国文论的国际话语权。

知识生产和传播趋势的全球化进程使世界各国之间的文化交流变得空前迅速和有效。这种势头使任何一个民族和国家的文化成果、文学产品也逐渐打破了地域门槛的限制，不断地进行着相互往来和交流对话。越来越多的文学思想和文明财富都不能独立于其他文化之外而存在，而是人类共同享用的丰硕宝藏（李汝信、王德胜，2000：124）。人类生活在特定的世纪经济和科学技术格局之下，具有鲜明的民族特色和地域文化特征，但人类改造社会的实践初衷具有天然的相通性，这就使得文学交流与文化对话的情感行为具有共同的思想基础和坚实根据。尽管文学的全球化就是文化的"人类性"，但大多数国家或民族的文化认知理念，还是希冀自己的文化精神价值能通过世界范围内的平等对话与广泛交流，得到全世界人类的共识与分享。据此，不难看出，从近代到现代，再到当代，任何一个国家或民族的文学发展，不可能与世隔绝地关起门来、在本土的范围内进行，必然要在不断发展的全球化语境中吸收其他国家文化的影响因子，来改良自己国家和民族批评文体的世界文学性。

中国传统的儒家思想一直对"和而不同"的文学气质格外推崇，其内容注重"道并行而不相悖"（卢善庆，1988：212）的文化能力和诉求，是一个既承认事物之间存在有差异性，又主张要兼收并蓄这些差异性的开放系统。在这种充满活力思想的影响下，儒、道、释"三教合一"的对立与共存，就是中国传统文化善于吸取、善于容纳其他积极文化质素的一个例证。这种"通融"的思想在异质文化的土壤中，使多种文化在"差异"的分辨过程中，不被其他文化所异化，形成新的主义与精神，并在汲取前人文论思想的艺术营养中得到启示。中西文化对伦理道德和自然科学的倚重度不同，这给人文主义和科学主义的现代化都带来了不同的影响力。中国古代的文化特征注重以人性为主要内容，偏重以整体的感性方式认知世界、把握世界。它对"人的完整心灵"（金雅，2005：131）的重视与追求，已经受到探寻言说人生之路、高张科学主义旗帜的西方人的注意。与此相对的是，中国人文伦理文化的现代化转型与片面膨胀，导致了泛道德主义对自然领域缺乏探索的缺陷。如何在掌握知识的理性进程中，从西方文论的中国化版图中借鉴、吸收自己所缺乏的东西，批判地为社会提供足够的内在文化推力，是近代社会以来的中国学者们努力思索、苦苦找寻答案的问题。

"中国文论"从文艺学学科设立的学术层次来看，从其产生之时一直都不可避免地受到中外交流的影响。它的发展在某种程度上离不开西方思想文化"现代性风格"的牵引和指导，同时也出现了诸多国学大师借鉴、利用西方理论的文体批评范式来研究中国文论风格和意境的典范（莫小也，2002：69）。西方文论的理论体系建设历经时期较长，自身构建相对完备，能够给全球化形势下中国文论人文学术思想的话语重构提供参照，但是，中国文论在对西方文论资源进行借鉴、平等对话的同时，必须要在本土的文化根基中找到生长点，才能

第二章　中西文论对话机制的共同基础

具有自己的特色和地位。迄今为止，我们所熟悉的西方文艺理论思潮的"中国化"进程，尽管与中国古代文论的"现代转换"之间存在着某种隔膜，但是，中国古代文论中的文体意识和审美意境也是西方文论"与时俱进"的重点学习内容。针对这个问题的深化讨论主要集中在异质同构性、现代普适性两个方面。

首先，文学理论的异质同构性是一个知识学概念。中国传统文论的思维谱系和话语质态等均与西方诗学的存在原因有性质上的根本差异：一是概念质地不同；二是话语言说不同。这一异质性的存在重认知轻体验，已被学界广泛认同，具有一定的合理性，与那种逻各斯中心主义的本质特点也不雷同（Watt，1963：125）。在进入到"无理论时代"的后现代时段后，这种差异更多地只是体现为中西文论的比较研究上。"异质性"作为现实中的一种非普遍性的悖谬化结果，在逻辑上从来就没有中断过。近代以来的"现代性"问题和社会变革，对中国文论异质性的原有处境有很大的冲击，其自身存在的合理性都把科技的理性和文化上的价值差异混淆在一起，认为中国文论现代性的进程必然不同于西方文化的逻辑框架，要达到一种价值观优于另一种价值观的逻辑验证结果，无法实现。

一个世纪以来，中国传统文论的诗学意义都是在西学知识谱系的取舍背景中呈现出来的。我们对中国传统文论的研究、阐述实质上已被"传统阐释"前提性地消解或抽空，是中国传统知识谱系背景从整体到部分的一种"缺失式"阐释。反观中国传统文论的逻辑支点和构型模式，不难发现，文艺学学科根据的逻辑划分和演绎依据并不能成为传统诗学知识谱系的美学结构原则。中国诗学阵容的集结知识体系包括文体、文类、词话、文论、诗话、乐论、书论、曲论、画论、传奇等多门具体的门类艺术，浩浩荡荡，蔚为奇观。文体风骨、文理辞章、韵味意象、形神合一的文类感受特征，为极其独特的中国诗学体系研究，提供了一条联结民族文化的精神纽带。中国诗学的关切重心在求知意向上，是如何"作诗"，而不是去刻意追究"真理"，由此展开的许多艺术感受论必然要从"拈出"或"悟出"中产生，思考"如何做"的理论文脉。只有理清中国文论的异质性特征，中国文论话语的重建才能切合实际地依赖本土资源，逐步摆脱失语、无地位的现状（刘悦笛，2006：158）。

其次，与"异质性"相对应的"同构性"概念，在这里也值得一提。毕竟，古今、中外文论的知识谱系之间也存在"同构性"。中外文论的内在结构在表现形态与民族精神上也存在着"异质同构"的一致性关系，如文学语言的民族特性、文学价值的话语观念等。近百年来外国文论的质变与断裂，为何能够如此深入地影响着中国古典文论的保存与继承、影响着中国现当代文论的变革与发展，其根本原因就缘于文学规律的相通同构性。这种同构性，在文学基本原理、基本规律的诗性实践中，是可以通约的（聂振斌，1986：123）。

中西文论的有关理论和具体表现，在艺术生命精神上也存在着同构性。从理论上来说，中国艺术中的"写意""言志说"其实就是艺术家通过作品表达人的心理世界体现人的生命精神的有力佐证。艺术作品表象之后的"弦外之音"与"言外之意"就是艺术家的生命精神和无穷境界。同理，高扬艺术的胸臆之气，在西方现代美学的生命精神中也能找到例证。尼采的酒神精神、柏格森的直觉主义都是以直觉本能为方法研究和释放生命精神的蓬勃体现。这一生命意志在现代派艺术理论的通道里，可以说是中西方诗学体系的共同追求与宗旨（Lukacs，1964：84）。同样，中国艺术家也常跟随内心的直觉本能和冲动体验，在悟禅的同时创造出了一个既能贯注生命精神又能显现灵感意象的超凡世界。

在中西文论的平等交流中，福柯的"知识谱系学"（Eagleton，1996：12）可以为中西诗学思想材料的论域划分提供启示。在这方面，为了抵制整体理论的统一性，"谱系学"以真正的知识的名义对

第二章　中西文论对话机制的共同基础

非连续的局部记忆进行了整体的筛选和划分。这种把知识纳入与科学相连的等级态度与历史知识的秩序规则形成对照，是一种把冷僻知识的历史话语权从理论独断的压制中解放出来的努力。它的无秩序效应建立在统一理论局部知识的反抗之上，是那种反抗知识等级、挑战一贯传统的片断性思路。就中西文论的诗性比较研究而言，中国传统文论异质性的凸显，关涉着西方诗学整体主义话语背景的拆除和中西文明真正交流融合的普遍性预设。然而，在清理和创新之前，我们需要像福柯的知识谱系学那样，从局部入手，首先要对传统文论的先验同一性做"片断性"的艰辛挖掘；然后，再在西学理论系统的逻辑前提之中，规划出中国文论知识谱系的整体性，而不是理论体系的系统性；最后，在中西文论异质同构性的分辨基础上，开启中国文论与西方诗学理论系统的比较之旅，"挖出"超越双方系统化预设的世界诗学框架和谱系知识建构，绘制出中西文论整体与局部之间比较基础的研究模式。

中西文论在文学艺术的本体性质问题上显示出很强的互补性，二者几乎都不约而同地把文艺的存在形式看作是生命的内在，以显示出文论形态的普适性，只是中国的"气韵生动论"和西方的"形式论"均在人的生命情怀、生命感受上关注得更多罢了。艺术品的整体风貌和精神之气大多是通过气韵生动的艺术效果传达出来的，是由生命艺术所承载的主体元气决定的，因而能呈现出一种给人以无限生命感的和谐之美，凝定为人的生命的永恒延续的生命力，进而显现为一种开放性的生生不息的艺术世界。这一点从生命形式的精神上而言，也暗合了宇宙生命主体的成长性特征（Qian Zhaoming，2003：60）。

这个普适性的文论命题，让中西文论对文艺形式存在的阐述观点具有更完满的生命意义。它们的结合在艺术本体的结构上弥补了西方生命形式论的不足，概括了艺术品的形式本体与生命结构的共性，还将艺术品的审美属性与一般的生命形式划清了界限。这种艺术理论的结合所显现出来的灵动的美只有用充满成长性、节奏性、有机性、运动性的生命形式论来修饰和传达，才能更好地描述出艺术的生命特征和生动气韵。其次，中西合璧的世界诗学理论也为中国传统文论"意象说"的现代运用缔造了机缘。如果没有西方文论的生命形式启发，中国古代文论的理论意义和诗学价值就只能尘封在传统文化的资源宝库里，也就无法实现它的现代转换交际价值，映衬出中国当代文论体系构建的渊源与流变。再次，这一整体性理论概念的提出，使文学理论这一"类范畴"的现代普适性在人类智慧的牵引下，具有了更强的共通性和互补性。它们不仅可以弥补中西形式论的理论缺陷，而且还可以从文论中的心物关系出发，呈现出"文学即心学"（陈望衡，2005：81）的万物之情面目。其实，文论的普适性有多种意义指向。它们只有在中西双方具体的艺术语境中才能落到实处，直指文论概念的本真意义，其亘古不变的生命魅力和审美倾向之间既有联系又不相雷同。这个新的理论命题的意义指向性，打破了中国古代文论和西方现代文艺理论的地域界限与范畴障碍，更符合人类命运共同体的构建初衷和未来文艺理论的发展方向，体现的是一种源于不同文化系统与不同民族智慧的共同认识而达成一致的人类性文论。

第二节　思维模式与文化规则

在最深刻、最普遍的思维意义上，话语与文化是人类认识世界、表述世界、把握世界的重要价值形态，是影响着全人类文明面貌与发展的载体形式。二者就内在关联度而言，可以说是互为表里的依附关系。人类的思维内容是由不同的思维方式对主客观事物的认识方式决定的，通过话语表达出来的内容也是由人类思维内容和思维方式共同发挥作用的结果。所以说，话语的产生发展必然有着思维的内容；倘若没有特定的话语内容，思维显现的存在家园也会消失。文学理论是针对文艺学的感性经验进行思考，并借用直接的理性知识来表达这种诗性言说方式的一种认识和判断，其所得出的指归是以哲学抽象思维为主的概括性"真理"，是以超越"形下性"而具有"形上性"的抽象性"真理"（顾卫民，2005：121）。但是，中西方哲学的思维方式，对文学艺术的判断和认知都深深烙刻着自己的民族印痕，既不一致，又各具特色。

深究一下，其实不难发现，就中西方文论的思维之源来说，中西文化的思维模式都出现过原始自然和通灵认识混沌一体的"诗性"元素，即共同的"智性"内涵。但中西文学理论的最终表现方式分野也很大，尤其是西方文化思维方式的逻辑化走向，自柏拉图、亚里士多德开始表现得尤其突兀。而受先秦形而上思潮、思辨哲学影响颇深的中国文论，虽然总体上也保持了"诗性智慧"的文论特色，但更注重的是思维的结果，而不是过程。坦白而言，以"概念"为载体的西方哲学思维方式，要求把理性思维的全部过程，通过逻辑推演的每个环节，将这一过程精准、清楚地表述出来。这种思维方式得出的结论是以"理性"（逻各斯）为中心、暗含有各种对立概念的一种等级次序，体现了一层维持真理稳定、有效的内在意义。据此，西方文论便形成了"实体-分析-逻辑"三位一体的理性思维模式，而深受"天人合一"中国哲学原始整体观影响的中国古代文论，其思维方式便形成了"直觉-类比-整体"的格局，这一点与西方迥然不同（黄可馨，2000：117）。

在一直延续到近代的话语理论中，"话语"的范畴和概念有着较为深邃的意指特征和媒介范围，并非一般意义上的语言或谈话。简言之，"话语"就是一种沟通行为，是指说话人与受话人遵循一定的文化传统规则，在一定的历史背景和社会语境中，借助约定俗成的语言文本或其他意义建构的语言法则进行的交流与创立知识的方式。从微观上讲,话语规则专指文化意义上的建构法则,是日常交流中表达与沟通的基本规则。从宏观意义上讲,它是由文化传统和社会历史意义建构方式所形成的思维与解读、创立与交流、传承与更新的文化规则(陈望衡,2007:62)。长期以来,中国文论受到中国特有的意义生成和传统文化话语言说规则的主导,它们形成、制约、影响了具有民族特色的支配文论范畴的深层的东西。这些话语规则是有时代性的,同理,贯穿于历史长河之中的中国文化,虽只是范畴表层的东西,但也存在着自己的规则,是不会随着文学理论的话语问题而消失的。要讨论中西方文论话语根本性差异的要质问题,必然要从关键处对不同文化的"话语规则"有一个真正的反思、辨识过程,反之,只能是见木不见林,识微不知著。文化规则的话语构意与言说方式,从深层次上讲,是文化行为者共同遵守的一种规章制度。其文学创作行为的结果——文学理论,是无法摆脱特定文化环境中的文化规则的制约的,而文论话语的发出者与接受者,必然也是受文化规则约束而采取行动的某种个体人(李佛雏,1987:57)。反过来说,任何一种文化行为、文论话语的发出者与接受者的行为,本质上都是自觉或不自觉地遵循特定文化规则制约的结果。只要有民族文化体系的存在,文化深层的潜在规则和生成法则就不会彻底消失。文化规则是有生命力的,是会随着时代的发展而不断变化的,不论其内在内容将如何增减,它的生成性始终决定着民族思想与艺术思维的特殊文化基质。

一、整体思维与分析思维

中国哲学的本质问题总是习惯于把天与人的认识客体置于主客体的交融共存中去观察、去体会、去分析,于是,就产生了物我同一的存在精神与整体思维。而西方哲学的生命领悟,在天与人关系的认识之外,习惯于从分解客体的对立面开始,表现出人征服自然与控制物的强烈欲望，隶属于分析思维的精剖细析范式。

（一）整体思维

华夏民族"天人合一"的整体思维观是一种打破天人界限的特有模式。这种追求"物我一体"的传统特色思维方式构成了中国哲学认识世界的整体联系机制，认为人与万物、人与生命、人与宇宙是一个相通兼容、相互依赖的有机统一体。这一点与主客二分的西方哲学思想有着天壤之别。这种源远流长、涵天盖地的思维方式反映在中国古代文论发展的整个历史中，不难看出，"天人合一"的整体思维观对善于"立象尽意"的中国古代文化产生了极其深远的影响，且对文学作品的促成起到了极大的指导作用。从这一点上看，中国古代文论的儒道释主流思想都富有一种趋同并流、"天人合一"的况味（卢善庆，1991：10）。其间，庄禅道家张扬这种思想的整体思维特点最为突出、最为广泛。

"道生一，一生二，二生三，三生万物"（宗白华，1994：105）的普遍规律和宇宙本原，把"道"看成是一个依存于天地之间的完整整体，这就是"天道自然说"的思想雏形。庄子的《齐物论》、陆机的《文赋》、刘勰的《文心雕龙》中，都突出地表现出这种"道与文为一体，人与文更为同一"（朱光潜，1987：117）的"天人合一"思想，均认为：由"道"而生的天地万物与"我"同一，相通相契；人同天地同乐的相处法则才是天人之合之道。这种"天人合一"的话语建构思想在文论表达的语言方式中，明确地带上了"物我同一"的理论整体思维底色，即"论"在"诗性"中的智慧和激情。论文赋、论诗词、书面欣赏、小说点评的中国古代文论的言说方式，无不洋溢着主客一体的诗性思维方式。这种诗性的文学理论源泉，将创作对象与批评主体的思考视为一体，而不是"主客两分"，是典型的整体思维

"物我不分"的写照。所以，中国文论的思考途径与结果究其原因，皆因理论意识的哲学思维民族性所致，这分明是一种天人合一的"文论身份"（爱德华·萨义德，1999：106；译者王宇根）的自我确认；其诗学价值，反而独具民族文化的张力与魅力。

中国文论的言说方式与思维特点表现在理性、逻辑性、诗性的三位一体上，是诗性语言在自然事象情境中的一种原真再现。它的话语诗思层面也是一种整体性的哲学感悟之思，是将诗性逻辑与理性内涵合并在一处做整体思考，而终以文论话语的美学信息容量来处理文学创作的一种语符解码方式（鲍姆伽通，2006：95；译者李醒尘）。所以，正如先秦诸子的经典著作（《论语》《孟子》《老子》《庄子》）所言，中国古代文论的话语特点表现出涵容理性的文学式散文的诗性特征，而且这种精致、鲜活而有韵致的诗性言说逻辑成了中国文学批评史的文论传统，延续至今。《文心雕龙》《文赋》《诗品》《六一诗话》《沧浪诗话》《二十四诗品》中的比兴手法、骈偶句式创作、散文化语言、意象论批评的诸多文论语言表述，都是充满艺术感的整体思维对文学之思的表达与解释。这些文论学术资源的理性思考与诗性言说的完美点评整齐划一地合为一体，不能不说是"立象尽意"的中国古典文论形态立下的汗马功劳。

诗性言说与理性思考合二为一的中国文论传统思维范式，把"象"的整体生化观认识放在首位，着眼于物我一体的运动变化现象，对"意"加以制导和判断，并以人类认识层面的整体思维表现为标准，以意象思维和抽象综合方法为辅，在本质和现象的主客互动中寻找文学现象的一般规律，如此来加深整体思维传统的统摄作用，将"象"与"意"整合为一体。这种思维的整体性特征主要是以"象"来表达文学的诗性之思。不论是"言能尽意"的文论主张，还是"言不尽意"的诗学理念，在言说文学现象时，都会不约而同地借用"象"来言"意"或示"意"。这样一来，"明象"与"尽意"互为表

第二章　中西文论对话机制的共同基础

里的话语形式，就会因"立象"的选择与描绘而使可言或不可言的文论思想明确、鲜活地体现出来，三者是一个不可分的整体宽泛的联系整体（爱德华·霍尔，1991：19；译者刘建荣）。所以，生动的"象"与深邃的"意"，只有在以整体思维统合的文论话语"言"的范式中共存共融，才能以形求神，进而体会文论的存在特色，领悟它的生命精神。司空图的意境论、喻象论也颇合此道，其"象"的逼真、充实生命力与创作主体的内心感发、诗情跃动做到了"象意合一"，才能由内向外地以"象"的原有经验去唤起生动意境的空灵与难以言尽的体味。恐怕"人看花，花看人。人看花，人到花里去；花看人，花到人里来"的文论思想与话语方式，也是在宽泛的寓意于象的整体思维联系中得以认识了主观与客观相统一的结果，如此等等。唯有主客统一、象意一体、物我合一，方能使"在外者物色，在我者生意"（郑工，2002：34）的文学之思得以揭示。

其次，以"体小"涵纳"义丰"的中国文论整体思维系统还表现在"以片断还原整体"的言说方式上。换句话而言，就是用形制短小的篇章片断，表述出一个很大的"诗言志"的广博道理。将"大义"统一在"微言"之中的艺术特质就是对中国古典文论的整体性评价，而"以小体大""语短小而意尽全"（张本楠，1992：135）的精要表述，更是中国文化以简治繁的最典型的思维形式，同时也充分体现了中国古代文论"言简以达旨"的意境风格与整体性特征。这其中，玄学的"言不尽意"、禅宗的"以心传心"、文论的"以小体大"，都在中国传统哲学整体思维模式观的影响下，演变得更为深广、更为模糊、更为整合。

此外，中国的语言结构模式，作为信息的载体，常常会导致有限和无限的矛盾的产生，也就是有限的语言的字面意义和形象特质所包孕的暗示性意义很深远、很无限。周知，中国语言的字面形象，要想在这个表层信息载体的结构中直接宣示深层意义是很困难的。但是，有限的、相对的语言形象辐射性功能很强，尽可将深邃丰博的暗示性意义包孕其中，呈现出移远就近的"取类大"话语特色。是故，有限的语言形式和无限的蕴含意义，在中国古代文论的话语构建体系这里，就常常将"小"与"大"相统一的整体思维方式放在简约言辞的意义里来达成。

再次，中国古代文论的整体性思维虽为只言片语、跳断式地呈象在作者创作思想的各个角落里，但是，其"形散神聚"的理论内涵却不失话语反映的完整性，也尽可全息地表现以象尽意的"形神合一"性。当然，散见于浩如烟海的古籍中的《诗品序》《文心雕龙》《原诗》，它们的文论观念比较完整、系统，整体思维模式从空间构架上来看，更多的是随感而发，但这些涉及文学之思、以意统形的言说内容却是流动的，包含了大于话语符号特定概念的丰富内涵和聚合意义。这种"以诗论诗"的省略式言说方式往往是零散的、独立的，其批评文体本身就有跳跃性、片断性，但整体思维的承受力和理解力始终与全文的诗体形式浑成一体，在文本空白之处产生"语不接而义接"（邹华，2003：109）的玄奥效果。这种言说方式往往是紧挨着、结合着文论点评的具体内容而出现的，有着充分的思想感情，且与批评者对作品的思考成为一体、不可分割。甚至，中国文论"述而不作"的这种学术传统，说白了也是整体直觉的思维之功在起作用，它们的评点形式和精辟见解注重以意摄形，这样反倒使得文学理论体系的话语构建获取了更大的断而不连的模糊性空间。

最后，中国古代文论的整体思维还表现在"以悟构意"（艾尔曼，1998：98；译者赵刚）的阅读方式上。这时，文论话语的诗性言说特点和不确定性，为读者的阅读体悟"留白"甚多，加之古代文论话语的模糊性和启发性，从而为中国文论整体生成意义的再创造留下了更为广阔的想象空间。当然，读者的想象与文本意义的再创造，都离不开文本"言"的导读与文论整体思维之"意"的指引，据此，同

第二章 中西文论对话机制的共同基础

一性诗学旨归的文论蓝图才能得以实现。

总之，中国传统文论的思维模式和生存方式，有着一套属于自己特色的理论视界与话语体系，"天人合一"的整体性思维模式便是其中的致知方式之一，而作为它的术语范畴基础，这种思维模式的有机性趣味标准和独特表达方式，同西方世界那种主客二分对置、重思辨轻诗意的思维倾向完全相反。多年以来，西方重逻辑轻直觉、重理性推理而轻感性体悟的思想模式，造就了科学技术的进步，但缺乏诗意存在的流弊之象却日益显露，而打破上述壁障、中西文论平等对话的呼声也呈现出炽热化的趋势。此间优劣，难分高下，实难评骘。但是，毋庸置疑的是，中国多元文化的天人合一整体思维观，虽有着不同的涵义和表现形式，却拥有一个共同的基本点：非主客二分的感性倾向创造的是一种诗意的相通式人生（张辉，1999：113）。因此，中国文论中的"天人合一"观念便具有了多种感应式的"整体思维"特征。到了"五四"时期，"穷则变，变则通"的中国思想文化突变之风，唤醒了国人对"科学"与"民主"思想趋向的追求和承继，中国的文学理论批评及文化思维逻辑也发生了重理性、重主体的跃升式范式革命。这次革命的发展演变基于一个最基本的内在事实，那就是我们可以借助于理性的思维与方法，在文学的性质与功能、文学的创作与评鉴诸多方面，逐渐形成了一套属于自己的较具操作性的致知方法及较为明确而系统的文学理论。至此，这才拉开了中西文论理性对话的序幕，有了中西文论思潮百花齐放、百家争鸣的探讨局面。虽然在不同的历史阶段，主流及非主流的流派之别文学研究有着程度不同的争鸣，但毕竟，对于我们中国的专业性文学研究者来说，我们的文学批评终于有了一套异于两千年传统话语系统的文学理论，有了一套探索"文以载道"因果联系的术语命题。当然，这套话语系统的逻辑手段成为"五四"之后我国文艺理论批评的主导方向标，并出现了世界诗学构建格局复兴中国传统文论之思的见解和看法。这些变化，无论是由中向西转化，还是由西向中趋同，从思维方式的内在演变逻辑上分析，文化深层结构的构建意义应该是其中的关键。

（二）分析思维

以哲学思想为构筑基点的西方文论体系，与中国古代诗学体系的认识思维脉络大致雷同，早期也大多热衷于"人与自然混沌一体"（Selden，2004：101）的逻辑式分析思维。但是，随着高端科学技术的发展，西方文论的形成在进入人类文明发展的高级阶段之后，最突出的原始思维范式在人与自然的关系问题上发生了极大的转折，表现出了主客对立、人要征服自然的"物我分离"欲望，从而导致了"天赋人权"主流思想的认识论的产生。这一"以人为中心"的主流思想，在近现代文明的哲学思维发展中，对中国文论的思维方式影响也极大。它的思想主张人在自然状态下要征服自然、控制自然，就必须以认识自然的"本质"为基础。因为"本质"是被虚假不真、变化无常的现象包裹着的，要认清真实、永恒的自然本质，就必须祛除表象与现象。这种将事物的特性和因素从它的整体类属中分裂出来的方法，就是"去伪存真"的分析法。它已成为西方哲学追求严谨逻辑的一种心理基础和文化形态，由此发展而来的认识论更能在逻辑规划的精密分析中，得到精准、真实的认知结果（Levenson，2000：77）。

周知，注重定量状态的分析思维，易于按部就班地从部分特性、因素方面来把握整体对象的特征与细节。这种确定和明晰的认识性质，置事物的整体认识对象于相对具体的单一状态之内，切断了外界表象的纵横联系与干扰，对西方文学理论的逻辑思维轨迹与精密话语形式产生了直接的影响。从中西方文论起源艺术的比较中，我们可以极容易地看出西方文论的上述分析性思维特征。而西方"模仿说"的思维模式也是出于"人类善于分析"（蔡仲德，2004：15）的天性，

第二章 中西文论对话机制的共同基础

将诗学的起源与最初知识直接切入人类模仿的本能,去除了像外物所涉及到的形、色、声等变化因素的干扰,进一步将史诗、悲剧、喜剧、酒神颂等艺术文体的模仿形式,在所用的媒介、所取的对象和所采的方式差别上做了准确的区分。这一点与亚里士多德的诗学观相类似。亚氏在他的《诗学》中,也曾针对不同艺术的模拟对象,做过精确的划分与解读。他对"模仿说"的分解,直揭文艺的本质,并对由"整体"对象细分而来的部分要素各做了具体的说明和准确的剖析。这与中国文论推崇的整体思维截然不同。

在《礼记·乐记》中,中国古代文论的认识起源就记载过"人心之动,物之使然"的感性论述。它对文艺起源的根源探寻,是以"天人合一"的整体思维来解释的,以求使作品的崇高风格和强烈感染力得到唯一、细致、简单的认识。中国古代文论中,类似于朗吉弩斯《论崇高》界说的范畴是司空图论"雄浑"思想的整体印象和感受:"超以象外,得其环中。"由此便可看出中西方文论话语在藻饰辞格、文本结构、思想依据、感染力源泉等深度印记中的不同思维轨迹。如果将中国古代文论与西方近现代文论都探讨过的"言表"关系问题来比较,其思维差异则更为显著。西方文论话语依赖的分析型思维模式,倾向于将文论质素和各质素之间的严格关系进行数量化的分析,再从局部分析到整体把握、由小到大地来逻辑化认识对象,以确定文论原理的诗思本质。而中国古代文论中的"言-象-意"学说分明是一种整体思维方式的艺术认知体现。该理论把"意的觉悟"与外在的"言和象"作为一个交融共存的整体,有机、宽泛地联系在一处,相互依存、相互包容。这种将"意"的认知功能放在与"言""象"的广泛联系中去把握、去体会的整体言说方式,在西方却不然。黑格尔在《美学》中是这样表述的:"一件艺术品(言)直接展现给我们的东西(象),能指引一种内在的生气和情感(意)。它的意蕴和内容可从表里两个不同层次来分析。"(Moi,1985:41)这种"就言而论言，就象而论象，就意而论意"的认知模式，对"言意"关系的解释范围不再是中国式的浑整风骨和精神印象，而是将言-象-意的内在关系切分成了更为具体、精密的多个文本层面。到了波兰现象学理论家英伽登这里，现代西方文论的论述话语对"言意"关系的分析，更是到了登峰造极的境界。英伽登把文学文本所呈现的事物图影由表及里地切分为四个层面：第一个层面是最基本的语音组合层面；第二个层面是传达意义的核心组织层面；第三个层面是多重图式化、有待于读者去具体化的文本单元层面；第四个层面是通过文学文本虚拟而成的"再现客体世界"（Brook-Rose，1981：48）。这里，每一层面的细剖精析，使人们能去除外围表象、由表及里地找出本质和规律的东西，并做出准确的解释。这种从局部理解整体的解析模式，可使西方文论的分析思维历程外在化，令其主观内在的认识过程愈加清晰、直接，而不是像中国文论话语体制那般的宏大与玄虚化，后者的认知意义要靠人类自身的生存智慧和经验才能体悟。因此，西方文论的话语意义相对而言，较为"体大思细"。

西方文论倚重分析思维，强调认识对象的精密化与单纯化，重视名词意义的唯一性和不变性，力求还原事物的本真风貌。这样一来，西方文学理论的论述体制往往就需要用到篇幅较长的话语，才能对文学现象进行一层一层的分割和剖析，再到分割之后的现象要素背后去觅得具有确定性的本质规律的"抽象之思"也就不足为奇了，其"形制之长"的文论特点也是基于分析思维的严密方式所决定的。其次，西方文论喜欢将研究对象细分为部分和要素、现象和本质、个别和一般的诸多哲学命题，还钟情于研究这些局部、要素之间的逻辑联系性问题。所以，西方文论的话语形式有着某种内在的密切逻辑联系性，且形意相连、环环相扣。这些勾连不断的局部语义，既从个别文学现象中抽象出了文论的本质，又再次确切地印证了西方文论话语的分析型思维特色。

二、逻各斯与"道"

古代希腊哲学家赫拉克利特所提出的"逻各斯"(Logos)概念，具有非常丰富的内涵。该词的含义与用法，在哲学、文学、历史等文献中并没有给出一个十分确切的定义，倒是在《希腊哲学史》中，哲学史家格思里根据自己的理解，才将逻各斯最主要的含义破解、归纳出来，就是"理性逻各斯"和"语言逻各斯"(Culler，1997：23)的两个内涵。实际上，其他哲学家把它们比喻为硬币的两面，将这两个重要含义看成是逻各斯延伸出来的两种内在功能。当中国学者首次接触到"逻各斯"的字面概念时，惊喜地将其比附成中国思想之中的"道"，核心含义同样也是"说话"和"道理"的意思。"道"，作为中国思想体系的基本学理范畴，必须贯串理性、依靠理性（李心峰，2005：139）。不过，该词的理论思考，在其他哲学家那里也能简单地推演为某些相似或相应的表达，如：柏拉图的"理式"，毕达哥拉斯的"数"，赫拉克利特的"原子"，亚里士多德的"宇宙原因"等。这些概念或意义纯粹属于哲学家们专门关注的"世界现象背后的根本属性"的规律范围。可是后来，逻各斯主义与宗教的内涵产生了结合，并在欧洲日益传播开去，并且占据了主导地位。那么，至此，西方哲学史上的逻各斯意义就衍生出了两个特殊的源头，一是基督教哲学意义上的逻各斯研究，二是普通世俗意义上的逻各斯逻辑。

其实，西方思想体系中的逻各斯概念，在基督教《圣经》的表述中，体现的是一种鲜明的等级议题："太初有道，道与神同在，道就是神。这道太初与神同在，万物是借着他造的，生命在他里头，这生命就是人的光。"(Thickstun，1988：131)这里的"太初有道"，只可意会不可言传，是一种致力于直觉思维的形上思考对象，不同于中国思想之中的"道"。这个"太初有道"最初是上帝的一种言说式圣言，可以认为是宇宙万物的第一动力，是事物成为事物的一种自然天性。按照"言语逻各斯"的内在推理,我们不能因此就将"上帝的逻各斯"与"人的逻各斯"等同起来,应将逻各斯的不同言语形态看成是一种等级尊卑秩序的体现。上帝讲述的那种逻各斯可以分为不同等级,这种逻各斯就是理性,而人因为有着逻各斯,才能最终成为理性的动物(Smith,1967:105)。

逻各斯,作为一种学术探讨的专门对象出现之后,最初只不过是一个表示世界根本性质的存在概念。可是,后来,由于基督教神学布道言说权威性成分的加入,才令逻各斯具备了"统领一切"的秩序色彩和理式规律。于是,逻各斯的单纯认识论原则和言说含义,也能在人类理解世界真理的实践活动中发挥功效了。由此,基督教神学对于逻各斯的基本用法与诠释范式,已然为西方文化格局的形成奠定了一股核心基调。文艺复兴之后的哲学家,试图站在理性的立场重新检视逻各斯思想对于现实世界的意义,也就是所谓的先验哲学对"理性"的批判态度。这种反思的态度,以先验主义的规定性为出发点,摒弃了一切头脑之中的公理性批判之思,继承了黑格尔康德理性批判的怀疑论观点,认为:"只有历史地实践着的理性,才能在人们的生活实践中,通过现实为自己开辟道路。"(Edel & Gordon,1958:66)这样一来,历史与逻辑的"自明性",在时间的现代化进程中,对科学工具性的反思和对人文创造性的呼吁,是同一同步的。

由以上的梳理来看,把逻各斯的意义等同于中国思想之中的"道"的说法,就难免有失公允了。这种说法从深层次来看,并没有把握住逻各斯的确切含义和二者之间的区别之处。相较而言,逻各斯与中国思想的道之间主要有三点区别:其一,存在范围不同。逻各斯是上帝创造一切的力量,是世界万物之灵的最高存在的范畴,是秩序化的;道则是相通的,是无所不在的,是弥散的。其二,显现方式不同。在逻各斯的秩序中,一切皆有道理可言,都可以通过严格的推理步骤归纳、得出结论。相反,"大道无言"的存在需要采取"悟"的

第二章　中西文论对话机制的共同基础

方式，是不能单纯依靠认识活动加以说明的，是一种具有神秘主义倾向的实践领地。其三，运思路径不同。在上帝的逻各斯面前，人们应该采取一种高于世界其他事物的进取姿态，接近上帝、接近真理，才能成为颇具灵气的人。在抽象的"道"的意义上，万物在根本属性上有着地位的高下，其实都只是道的不同表现形式，都是"道之所生"的力量体现而已。（聂振斌，1984：146）因为："道生一，一生二，二生三，三生万物。万物负阴而抱阳，冲气以为和。"（老子语）据此，不难看出，那种认识事物普遍属性的真理本质问题，不过是不同的人看到了一件事情或事物的不同侧面罢了，孰优孰劣，无须赘述。

由于西方对于逻各斯的定位方式习惯在不同的理论之间，不断地把已掌握的知识穷极物理地扩大到新的对象。这样一种逼近精准无误的学术态度，与中国的"道"有根本的学术差异。它对于自然科学的异军突起有着某种取舍式的催化作用，但在社会科学方面，那种"真理只有一个"的看待角度，使得西方学术在解析外在于人们的纯粹客观对象时，往往有一种"非此即彼"的竞争基调。当西方这样的思维方式渗透至西方文论的诗思问题领域之后，文艺观的本质论会推导出西方文论体系的若干基本特征，再由这些特征来厘清文艺本质的运思逻辑，就会走向极端，陷入一种忽略其他的不是该种本质主义的排除立场。这一看待文艺脉络的方式，充其量而言，只不过是围绕着"先在地规定出的事物本质"（陈元晖，1981：48）而进行的排他式的补充罢了。近代以来，西方文论的中国化发展史与传统本土的佛教美学思想渐行渐远，甚至在当代的文艺批评实践中难觅踪影，其实也是西方文论的这种排他性使然的结果。

西方学术的逻各斯话语形式，对于学术研究中心问题的解释，其实是站在人与上帝的认识差距上，以一种独立的精神视角，帮助上帝为人的世俗存在安排秩序的一种体系化建设方式。一般来说，这种"对于上帝没有任何限制"（Stein，1998：71）的学术观点，善于从上帝自己的立场来看待问题、分析问题，在自己的话语领域之内获得战果是有几分道理的。但是，研究经过一段时期的成型和发展之后，以逻各斯中心主义架构而成的西方学术思想系统，很容易就会对自身自由思想的挥发加以限制，形成一种话语霸权的模式，即是在该学科领域内，宣布某种思想的合法性地位的编制权力。这种话语霸权的合理化过程，本身就蕴涵了诸多硬性规定的不合理因素。到了20世纪下半叶乃至以后，法国学者雅克·德里达和德国学者尤根·哈贝马斯两位重要的思想家，分别从事物现象的评价权角度对此进行了批判，这种批判式的反思态度使得西方学术传统意义上的逻各斯秩序受到了莫大的动摇。

雅克·德里达是举世公认的解构主义思想大师。他的成名作《结构，符号，与人文科学话语中的嬉戏》，采取一种科学的姿态，集中探讨了西方思想中"结构"的封闭性概念和整体化范式，颇具说服力。德里达从结构概念的构成要素入手，指出：结构概念包含了中心和边缘、整体和部分的基本思想原理。因此，"中心支配边缘、整体决定部分"（Selden，1988：124）的制约性观点，就与结构概念的整体化权威力量貌似悖反起来。这一点，围绕"中心的结构"的传统思想而言，其实也在理。因为，"中心在结构之内，又在结构之外"（牛宏宝 等，2001：195）的层次概念问题，本身就受到哲学或科学的整体认识条件的制约，代表着一种自相矛盾的内在一致性。按照这种分析，不难看出，西方学术所仰赖依仗的那种逻各斯秩序所讲（或所写）基点，外表看起来像是一种一般的严整性的原则存在，可实际上不过也就是一场中心话语的嬉闹"骗局"罢了。其实，逻各斯是人们判断事物时公允公认的一项基本尺度，在不同的需要情况之下，德里达的解构主义，往往能从一个"结构"的边缘秩序出发，寻觅到这种逻各斯主义的普适性，甚至揭露这个主义的失效性，并取而代之，成为新的学术中心研究领地。

第二章 中西文论对话机制的共同基础

同样,著述甚丰的哈贝马斯,也是一个百科全书式的学者。作为法兰克福学派的第三代先锋,他的研究成果主要集中于对西方社会现代性问题的理性批判上。以逻各斯秩序为中心而建立起的西方理性体系,极力推崇工具理性的合理化概念。这种工具理性非常关注某一个具体工作目标的终极价值问题,尤其体现在人与自然的关系上以及人与人之间的社会组织的交际问题上,有时还可能会为了增强社会工业化的先进水平,而牺牲人类生存的自然环境和幸福生活质量的巨大代价。其中,这种合理化核心价值目标的推出,在资本主义的成熟阶段,早已不再仅仅满足于简单地压制自然、解放原先社会的资本主义化进程,反而变成了一种重建社会秩序的不平等过程。值此之际,哈贝马斯的批判宣讲,就从理性逻各斯的片面性入手,强调了言说意义的交往理性在现代社会中的必要性,并指出:"当一个人对他人表述自己的见解时,必须依靠一种基于理性的交谈语境,进而使自己的话语能被对方接受。"(Martin,1986:30)这一被"他人"接受的社交活动,并不仅仅是让某人相信某事是可兑现的言说式交往,而是包含与某人共同享有对某事理解成分的健全式理性活动。这些理性成分,必须是可辨认的,同时也必须是可以得到证明的,是共同理解的相互言说,也是共同认可的对话沟通。这样一来,原先作为西方文化话语根基的逻各斯"独语"现象,在哈贝马斯的交往理论中,就衍变成了一种"讨论式"的逻各斯新论。

由以上对于逻各斯中心概念和"道"的话语立场的梳理,可以得出一个基本结论,崇尚话语霸权的西方逻各斯主义,与崇尚自然的中国古代"道"的思想有相似之处。当这样的性质融入到西方文论的学术发展史中,以西方逻各斯贯穿始末的西方文论系统学说,倾向于排斥我们中国本土的文论思想,与异域他国的别的文论学说也往往处于一种冲突的"宰制"关系(陈望衡,2000:59)。对此,面对西方解构主义、后殖民主义的文论思潮影响,处于中国传统文化的批判立场和文论语境之下，我们自己也应该融会中西古今之学，积极面对世界文艺理论思潮学术谱系的变化，以现代新儒学生命本体论为哲学基础，在中国现代民族文化精神的建构图绘中，推动中国诗学和艺术精神的理论创新和超越。

三、依史与依哲

（一）依史论文

"史"和"哲"作为中西方文学系统的最高文化知识结构，蕴化其间的深邃传统思想与真理评价标准，成了中西方传统文学批评的价值坐标。它们的思想观念与文化取向奠定了中国诗学"依史论文"的价值模式和西方文论"依哲论文"的基本框架。中西方文论的评价尺度都有对"诗""史"真知性价值之异的认识。正是基于对"诗"与"史"、"史"与"哲"的不同文化价值观念的辨别和推崇，中国古代的文学批评才更倾向于以"史"的尺度来厘定文学的原理和意义，并力图在"诗言志""史，记事者也"的观念中寻求理解文学的规则和诗理。这一点对于偏重于依"哲"立言的西方文论体系而言，更有哲理性。

"依史论文"的最高文化价值规则，在中国最早的"用史事言诗理"的诗学理论中便有雏形："诗言志，歌永言，声依永，律和声。八音克谐，无相夺伦，神人以和。"《尚书·虞书·舜典》中的这段诗学理论节录文字，直接从"依史论文"话语规则的载言方式阐明了诗歌抒情达意的文艺特点，凸显了"诗以言志"的叙事功能，堪称是中国最古老的诗论典范。这一"依史"而生的诗歌观念，在特定历史事实的专门叙述中揭示了文学话语的内容起源：赋诗言志或借诗言志（聂振斌，2004：74）。这些与"史"密切相关的文论定义，以史实为解释依据，以记史的阐述痕迹为叙述笔法，其"依史论文"的表达特

第二章　中西文论对话机制的共同基础

色十分鲜明。由《尚书》《春秋》及《左传》所开创的文学起源的历史叙事传统，在叙事性言说的"史"性层面，分别从"实录"与"说话"两种诗理类型的关系视角出发，深刻地影响了中国古代文论的普世情感、构思框架，以及话语风格和批判精神。中国古代文论的史性"实录"，是依"史"而立的艺术之思。它对文学的思考是以"史"论"诗"的"史事"图式。这种诗论图式的出发点是要以历史之事的得失评论为鉴，致力于解决当时社会民生的安定问题，所以，有关文学作品的内容、文学批评的标准、诗的功用与形式和谐等诸多文论问题，在依历史故事而立论的诗理绘事时都留下了深深的"史训"印记。

由先秦时期形成的"依史论文"的话语规则，是用"史事"的言说方式，借"言不尽意"的文论观点，来谈语言文字的局限性问题的。这种规则对后代文论话语的立言形式产生了深远的影响，成为古代历史上诸多作家创作实践的立论基础和阐释动力。在司马迁列数众多的著书文献中，"史事"的创作动力与话语真理性均循"史"而演、依"史"而树，其"依史论文"的表达规则皆来自论理有力、不可辩驳的史实根据。同样，"治世之音安以乐，其政和；乱世之音怨以怒，其政乖；亡国之音哀以思，其民困"的文艺观点，不仅依"史事"的教化规律，总结了诗歌的"风教"功用，还强调了文艺的批判精神与社会生活的互映关系问题。这里，以古籍所载之事的文学济世品质，恰恰也说明了古代作者重视"情者，文之经；辞者，理之纬"（叶嘉莹，1997：11）等艺术表现形式的优良诗学传统。如此等等，不一而足。

此外，以"史事"为依据推演、评价诗歌文艺思想的文论观念，也是遵循着"依史论文"的价值尺度规则而展开的。中国古代五言诗创作的史事发展脉络及其历史地位的相关评述就是最有说服力的佐证。严羽在《沧浪诗话》中曾称杜甫的诗作为"诗史"，对杜诗评价甚高，其重要原因便在于：杜诗的形式和内容，从历史事件的再现到民生疾苦的论述，亦是将史书的叙事标准融入诗歌创作的艺术使命之中，并用史学理论的真实原则为评诗尺度，叙写了诗学历史的评价格局，这才在中国文学叙事理论的发展版图中确立了"依史论文"的话语规则和批评范式。甚至可以这样说，这一规则的奠定与实行，更是长期支配并影响了中国文学理论对"史传叙事"的依傍与传承（袁济，2006：37）。这一事实同样也说明，中国古代文学叙事理论的形成史，就是从"依史叙事"的诗歌写作经验中生长出来的，是以历史叙事的诗学理论样式出现的。因此，中国古代小说、戏剧的母胎更像是史籍而非诗歌。长期以来，中国古代小说、戏剧对"史"的实录意识和忠实态度，直接导致了中国文学叙事理论"依史论文"规则的形成。因此，中国古代小说的批评范式，特别主张以历史事实为据，尊重历史、尊重史事，颇具"崇实黜虚"的史书式民族元素。明代小说理论体系中的"羽翼信史说"和"正史之补说"，也主张按照史书记载的事实编写故事、演绎历史，以便在"史"的规制限阈内来完成对小说历史真实性的考量。这一评论尺度的基本特点是以记"史"的叙事标准而论小说的创作意图及主题思想的，其批评话语的世情价值确实是史家"实录精神"的转现。

据此，不难看出，中国古代小说的批评史时时都散发着浓厚的史学意识，而中国古代小说理论的制高点——清代小说理论，用的也是"尊史论文"的规则，将小说对历史和叙事关系的结构贡献，与经书史传的创作起源相提并论，探讨了小说创作理论中的史学意识是如何真正走上艺术审美之路的艰难历程的。由此可见，伴随着小说批评理论体系的成型与发展，中国小说叙事理论的文艺观念正在开始偏离历史叙事原则的终极价值评判，而逐渐走向艺术审美的独立地位，从而引发了中国文论样式最为内在的言述空间和入思之路。

（二）依哲论文

一般而言，中西方文论话语的内容和形式都受到各自特定的深厚哲学文化思想的浸染，都体现出不同的人文况味和美学色彩。与中国古代文论筋脉不同的是，"依哲论文"的西方文论在谈论诗学问题时，往往会从哲学原理的文学坐标和核心秩序出发，用大量心理学言语的篇幅谈论诗学内容的文化样式与哲学价值，并以"依哲论文"话语规则为西方文论价值体系的最高坐标，从而使文论话语的言说方式都归附在哲学原理的价值评判里（阎国忠，2001：155）。究其根源，西方各种各样的文化样式，常常都在"哲"的价值参照中被厘定和言说。所以，西方文论的诗性话语是一种以"哲理性"为最高价值追求，以"依哲论文"的文学概念为表达媒介，借助于形象生动的个别具体事物来表达一般哲学意味的文论话语。

西方文论自古希腊始，就常常靠近"哲"、追随"哲"。这一点同中国古代文论话语的表达初衷一样，哲理性都很强。毕达哥拉斯关于艺术形式美的结论，就是以"宇宙万物的本源是数"（王镛，1998：67）的基本哲学观念为理论基石的。苏格拉底的文艺观也是以神学目的论的哲学思想为传统基点，才衍生出了"艺术就是模仿生活、模仿自然"（Abrams，2004：16）的文论体系和情感特质。柏拉图对文艺本质的认识，则以他的"理式论哲学体系"为圭臬，认为"文学艺术是理式的模仿的模仿"。这个所谓的"理式"，就是从客观唯心主义的哲学基石而产生的，是非物质的永恒不灭的万物之本——"本体"，它能够创造出一切有生命的文学艺术。

据此，不难看出，西方文论话语的普遍规律，是遵从、依赖哲学原理的思维观念来言说文论思想的根本原则的，而非直接、简单地用西方哲学观的言词语汇来规约文论话语体系的建构和内容。这种"依哲论文"的思想规则，在亚里士多德的《诗学》文论中都有典型的运思痕迹。《诗学》的第一章，就这样论述过："史诗和悲剧，喜剧和酒神颂，以及大部分双管箫乐和竖琴乐——这一切实际上都是模仿。"（Eagleton，2005：148）这里，亚里士多德以哲学为参照体系，力图揭示出"文艺是模仿"的普遍性，还借助个别具体生动的事物来辨别了诗与史的区别之处："写诗这种活动比写历史更富于哲学意味；因为历史叙述的是个别的事，而诗所描绘的事则是带有普遍性的。"（Bradbury & McFarlane，1976：132）因此，诗的起源，更能遵从"去除个别而求一般"的哲学话语规则来揭示事物的本质和规律，更符合人的天性。其实，这些论述都是亚里士多德对文艺对象的"普遍性"和"一般性"的概括，其诗学思想的话语规则完全是遵循追求哲学"真理本相"的原则而建构起来的。

周知，"个别"之后的"一般"涵盖广泛、意蕴无穷，且不可重复。那么，揭示文学艺术活动本质规律的文艺理论学科，为了更直接地探讨具体事物背后的抽象本质和真相，选择运用哲学的思维规则来架构文论体系的话语风格，也就不足为奇了。这与中国古代文论的话语规则就有了本质意义上的明显区别。这倒不是说中国古代文论的诗思之理对事物的本质与真相不感兴趣，而是说中国文论的诗性言说话语，特别注重从"个别"的审美化表述中来言说"一般"，实现"特殊"与"一般"的统一，进而取得"由现象特征见一般本质"的美学效果，产生"由有限见无限"（彭锋，2006：188）的情感表现作用。检视中国古代文论的话语特征，不难看出，中国古代文论的文学话语，往往是以个别事物的特殊形象和作者个人的情思活动为媒介载体，在"具体"事物的论述范围和层面来讨论文学观念的总体真理和本质规则的。而追求本源、揭示共性的西方文论话语则恰恰相反，它要像哲学那样，剥去了个别化的"特殊"外衣，追求靠近"一般"的本质理念或真理知识，去直接呈现和言说有关"普遍"的诗性化话语的核心内涵。

第二章　中西文论对话机制的共同基础

以哲学为参照样本的西方文论话语构建原则，在古罗马的古典诗学中也得到了最大化的演示与承继。这种诗论之思为了验证同一类事物的属性旨归或其普遍具有的本质"一般性"，也会以"个别""特殊"为例证工具来证明"一般"和"普遍"的文论规则。如贺拉斯的《诗艺》中，就曾运用比喻性的"个别事实"来论及"作品结构要和谐一致"（陶亚兵，2001：17）的统一诗学思想，其整体化的话语规则是由"一般"到"个别"，再以"个别"说明"一般"的观点例证。黑格尔的文论思想，更是以最理性的"依哲论文"之思，宣示了诗学艺术的本质特征和哲学光辉。他的艺术创造理论和悲剧理论，处处都闪烁着"理性万能"的哲思底色。在黑格尔看来，只能借助"个别"事物去有限地表达"一般"的文论理念，较之哲学真理的一般观念而言，终归不可同日而语。因此，在生活的真理选择面前，艺术永远不能同哲学站在同一起跑线上。基于这样的真理观，众多西方文论的话语系统，都依循"依哲论文"的哲思脉络来言说自己的文学观念和文学理论。

比较中西文论话语的建构原则，可以得知，中国古代的文论话语特别相信艺术的真实性和世界的真实性。所以，它的文论话语体系，总是像具体的文学作品一样，常常在生动文艺形象的描摹基础上，以"特殊化的"个别"事物去表达"一般"（王攸欣，1999：12）。如经史子集中的文论思想，就是借具体的文艺作品（如诗、词）和文学现象为评点基础，以具体的诗人、诗作的"个别特性"来表达、论述诗、词的一般"文学性"观念的。至于小说戏剧的数典观见，就更是专门针对相关作品的文学结构以讨论艺术规律的普遍性质的了。所以说，中国古代文论的话语系统是以"富有文艺特征的具体事物"为立言基础，来论证诗学理论的文艺观点的。而西方文论的怀疑传统直接导致了"依哲论文"话语规则的诞生，它们像哲学那样相信真理、追求真理，怀疑艺术的真实性、怀疑世界的真实性。这样一来，以"一般"观念来揭示"真理"的西方文论规则,离"哲学"很近,是关于一般事物的"准知识"(聂振斌,1991:98)。十分显然,中西文论话语权的比较与建构问题在于诗性叙事的文性实质既非哲学之"真理",亦非史事之"实录"。事实上,中西文性叙事理论的独立艺术作为,只有摆脱史学和哲学的学科性束缚,才有可能在未来的数据人文新时代确立起属于自己学科属性的至善之源与真理样式。

第三节　主体精神与学术责任

作为当前全球化时代的"中国现象"和"西方现象","文论"和"诗学"(poetics)的文化标识,分别标示出此一时代不同地域间的深刻思想差异。这种相对封闭的地域性差异和时空界域,使得我们不能轻易去掉"中国的"和"西方的"前置性限制路标而单列其一。事实上,正是中国文论之"文"与西方诗学之"诗"(希腊语、英语:poetry)的两大意识系统指述对象,才为"文论"与"诗学"的思想话语本身提供了一种根本性的结构差异路向,从而导致了这种意向对象的地域性。对此,本节内容将以亚里士多德的《诗学》和刘勰的《文心雕龙》为文艺理论个案性分析的导引线,希冀能由此考辨出中国文论的主体精神和西方诗学的学术责任性来。

一、诗与技艺:对立和统一

从西方诗学(poetics)的诞生到文学理论(theory literature)的理性化整合,以"哲学诗学"为定向科学特征的《诗学》,在中西文学理论的入思之路与言述空间中,觅得了未来诗学的初始路向。这一历史性的建构转折,与中国文论的"哲思之道"相去甚远。它预定了古希腊神话诗论的意识形态,而就有关"诗"与"技艺"的纷纭关系而言，正是因为西方诗学与文学理论建构的理解意识的转变，才孕育、激发了"诗学"的诞生。在现有的古希腊有关"诗"（poems）的文献记载中，时见诗人们都有这样的共识："诗人的写作与吟唱，是在迷狂状态中凭借神赋予的灵感而进行的代神立言之举。与之不同的是，艺人的制作基本是在清楚明白的状态下，凭借人智的技术、按一定手工艺之规则才制作出的产品。因此，诗不同于艺，诗高于艺。"（吴予敏，2001：52）

由于"神"高于"人"，古希腊人笃信：一知半解的人类，如果不凭借无所不知的神力，将无话可说。品达在其《赞美诗》中也说："神告诉诗人的'诗之神性'的事情，全凭神力，非人智所能发现。"为此，"诗高于技艺"的看法直到公元前5世纪仍无根本改变，就连哲学家德谟克利特也是莫衷一是。贺拉斯在《诗艺》中也说："一位诗人，只需要做到'迷狂'，就能在神圣的灵感下写成一切比可怜的技艺要强得多的美丽诗句。这是真正的'头脑健全'的艺人永远都无法做到的事情。"（李汝信、王德胜，2004：154）至此，值得一问的是：在古希腊"贬艺扬诗"的诗论价值天平上，古希腊人究竟想要衡量出什么？究竟是"诗之神性"高于"艺之人性"？还是"神性之诗"高于"人性之艺"？

在神话时代，无论是个人还是社会，古希腊人习惯于将自己的幸福行为依据交托给"神谕"。他们相信：以非凡的方式听懂"神谕"、拥有神力的人就是先知与诗人。因此，古希腊人想凭借诗/艺的价值天平称量出"神谕"的神秘性与正当性。如此这般，才能确立起"贬艺扬诗"（邱明正、于文杰，1998：86）的神谕信仰方式。值得注意的是，随着人性智慧的悄然兴起，神话时代对神性神力的信仰天平开始倾斜。故而，仰仗、依赖人性智慧的希腊哲学思维就是"哲学"的初始表演，只不过"智慧"是哲学（philosophy）的某个词根罢了。哲学兴起的价值天平预示着神话时代"神性"行为基础的终结，它的

"人性"新价值在根本上意味着西方社会"人智哲学时代"（Eagleton，1970：56）的开始。此一理性知识的转移与倾斜，直接影响到世人对诗学与技艺的价值重估。

柏拉图对诗的"非难"态度不妨在此一"重估"中来加以理解。一方面，笃信古老诗歌信念的柏拉图认为："诗与诗人是无知，是不可信赖的。"（Plato，1888：53）可见，至于诗人是否真的能凭借神力，在迷狂中透露神的话语、进行歌唱的行为，柏拉图并不认可，是怀疑的。但是，在《理想国》中，柏拉图恰恰对荷马史诗中的"非理性之真相"进行了审查，此一详细的审查将诗之"神性"的可疑面纱一一揭破，还原了其"非理性至上"（孙世哲，1990：62）的本真面目。这一点在诗论的价值天平上，柏拉图至少将"诗的身价"看作是一种对个别外观现象进行感性模仿的技艺了。在此，这种技艺不同于"理性"的哲学，不能完全直接呈现知识的理念，充其量只是"理念的影子"罢了。故而得出结论：诗是迷狂的谎言，而不是事物的知识（邢建昌、姜文振，2001：58）。此外，值得注意的是，在柏拉图眼中，"理想国"的哲学基础就是理性知识。因此，他请"说惯了感性谎言疯话的"诗人们知趣地离开"理想国"（Plato，1888：117）。显然，柏拉图将诗艺设定为"非理性的知识"，其与诗对立的信念则确凿无疑。这里，就后世诗学之建构原则而言，柏拉图的诗论立场的确树立了一些影响深远的理论框架，比如：诗与技艺的同一性问题，在"理性至上"的价值性能范围内，重点讨论了诗的感性底色和非理性基调。自柏拉图之后，这些属于"神性"的悬置问题，在"理性至上"的哲学信仰中悄悄解体起来，而诗与技艺的统一原则问题，至此也拉开了亚里士多德《诗学》成果的序幕。

在柏拉图理性至上的"祛魅化"天平上，感性活动的"诗"的存在，都尚未找到自己的定位，更遑论是理性活动的诗学？尽管柏拉图在"理想国"中，暗中为诗与技艺的古老对立姿态开了一道后门，对

第二章　中西文论对话机制的共同基础

"诗艺"的定性存在也进行了一番激烈的调解，但他对"诗"和"诗学"的初衷，自始至终都不曾动摇过。在亚里士多德那里，"为诗一辩"的论辩策略就是要千方百计地阐明"诗"的理性本质，亦即只要证明："诗"是准理性活动，它就能划归于"技艺"。自始，诗与技艺对立的古老信念才伴随着哲学的兴起而开始松动起来。在此不同于柏拉图的情境下，"扬艺贬诗"的维护者先行在理性至上原则的推动下，开始重新寻找诗的尊严和价值，并将诗与技艺的共同性传统问题颠倒了过来。在这一路上，后者有力的技艺重估工作，在"理性至上"的新时尚基础上直接孕育了"诗学"的诞生。

关于"技艺"的本质解释问题，亚里士多德是从技艺的理性本质入手，在其对"自然活动"和"人类活动"的分类研究中来确定的。最初，亚氏将自然活动和人类活动的"同一性"归化于它们自带的"产品"属性。但是，人类活动的本源，源出于主体的"人"，进而，亚氏才将人类活动分为生产活动、行为活动与研究活动三大类，而"生产活动"的突出标志又可被分为非技艺性生产和技艺性生产两大类。因此，"技艺"这种东西是一种既知其然，也知其所以然的自觉生产行为。它不是那种出于本能、习惯的经验性行为，而是凭借普遍规律的理性知识而从事的理解性行为，是一种区别于非技艺性生产、等同于"知识"的东西。事实上，亚氏时代的"技艺性生产成果"，就是"理性知识"（汪毓和，2005：35）的生产产品。

在《尼可马可斯伦理学》和《分析续论》中，亚氏依柏拉图之说，将基于"心灵之思想"（Moore，1903：120）的理智部分看作是"心之精华"，认为人行动的内在基础就是"理智"部分的"思想"功能。在这些感觉、欲望和理智的分类系列中，亚氏的"技艺"知识谱系，明显可归位于"理智之思的生产或制作知识"（王敏泽，1987：103）类别。亚氏在《形而上学》中，曾将人类心灵的高贵"理智"成分划分为科学知识、制作知识、实践知识三大类，并明确指出：

"由技艺造成的制品形式,来源于每一件事物的原始本体,而它们的艺术命意,其实就是艺术家对某一类理性经验的灵魂判断,是艺术家运用人的创造力特性,结合人类理性的活动规律创作出来的。"(杨念群 等,2003:49)因此,我们可以一言以蔽之:"技艺是一种有迹可循的理性思维活动。"(杨念群 等,2003:52)同理,如果"诗"是一项真正的理性技艺,那么,人类当然就可以凭借自己的理性优势去创设一门专门研究"诗艺"的"诗学"科学。而"诗学"的主要研究工作,恰恰也是在不同门类技艺学科的分类基础上来建构的。这种创建技艺的科学方式遍及自然学科和人文学科的所有领域,几乎涉及了政治学、伦理学、心理学、生理学、动物学、生物学、机械力学、物理学等不同学科的特殊类别研究。它的研究对象比较特殊,并不具备形而上学的思想样式。

二、弥纶群言与文论概念:广义和狭义

综观中国文论史几千年的现存文献,魏文帝曹丕《典论·论文》之前的所有文献中,尚未有人专门著书论及"文"字的文本内涵。刘勰,在几千年浩瀚如斯的中国文论记载史中,是第一个借用中国古代文论框架的不同语境,对"文"这一语词的全面指义进行大量论述的人。为此,深入发掘《文心雕龙》的内在构架、诗思方式与言说对象,应该是我们审理、把握中国古代文论历史性建构路标的首要任务。

《文心雕龙》的研究对象究竟是什么?这一问题似乎有点"画蛇添足",因为答案早已不言而喻,是"文"。但是,"文"这个词的语用指义,在中国文论史的理论命题分解中显得有些扑朔迷离,令人难以捉摸。所以,明摆着的这个不言而喻的答案也就不那么不言自明了。于是,要弄清楚这一研究对象的内涵与外延问题,就必须先找到

第二章　中西文论对话机制的共同基础

《文心雕龙》文论空间的入口之处。尽管不少学者认为《文心雕龙》里的诸多文论命题并没有明确地告诉我们它的研究对象是什么，但是，细察之则不难发现：它的"为文之用心"倾向，严格说来，确实打开了文学形象思维题解的审美规律先河，只是它的系统论述至多暗示了文学创作的艺术本质罢了。从《文心雕龙》对"文心之言"的具体论说来看，"骚、诗、乐府、赋、颂、赞、祝、盟、铭、箴、诔、碑、哀、吊、杂文、谐、隐、史、传、诸子、论、说、诏、策、檄、移、封禅、章、表、奏、启、议、对、书、记"（杨平，2002：145）的各种言述样式，显然就是刘勰在探索语言文学审美本质的构思过程中，用文体的形式和内容来弥纶群言的一种言述方式。在刘勰身处的那个时代，"文笔之说"已经蔚然成风。他从"先论有韵之文，后叙无韵之笔"的结构标准出发，一方面认可此说，一方面又将"论文叙笔"置于"文"的大共名之下同化了此说，并以此为据来囿别区分"文"与"非文"的文学本源而予以论之。这种"文笔之别"在刘勰那里，充其量只是区分文类篇章的一种工具，并不是亘古不变的标尺。因此，无论何种文体的"心之言"，皆属"人文之论说"，原则上而言亦都是《文心雕龙》要论说的具体落实对象。

十分显然，《文心雕龙》中"文"包笼群言，泛指所有文论言述的"大共名"之象，也就是理论批评视野中的"同类"问题。事实上，在此视野中，这个"大共名"之象，将所有的文论言述统一在"心之言"和"人文"这两大最宽泛的本质规定之中，并为同时代最普遍的"文笔之分"所用，以至于"艺文之属，一切并包"（郑元诸，2003：112）的源流疏通问题也能化而解之。此一传统在中国古代广义文论的"大共名"之下，历千年而不变。可见，自《文心雕龙》始，直到近代，泛论群言的"文"的最直接表达仍是一切书面言述的基本样式。在此，我们还能悟出：《文心雕龙》里的"广义文论"，当然是指论说一切书面言述之法式的"学问"。如此之"文学法式",在中国古代文论史上,正是所谓的真资格的"文学"。这一大共名"文"之内的分科标志,对"狭义文论"的"文笔之辨"传统而言,其实就是一种可名之为"文学总略"的学术分类见解。因此,"文笔之分"中的"笔",大体同于"诗文之分"中的"文",主要是指一种无韵的散文论。它所导致的狭义文论之视野,不仅指诗,还指赋、骈文等韵文的形式与内容,大体不出广义文论的论题关系链。这种诗论的独立发展态势始终还是一种相对的文体论,不完全等同于"文笔对举"中的"文",故与"诗文之分"的文学构思没有突出的矛盾。因为中国古代文论史中的"诗"的概念,与西方诗学之广义的"诗"的分类概念(史诗、戏剧诗、抒情诗)很不一样。在中国诗学的学术批判范围里,诗论、词论、曲论、小说论的文类界限都是被统摄在广义的文艺理论系统中的,是十分清楚的。

尽管如此,我们必须承认,广义文论也好,狭义文论也罢,都是中国古代文论批评系统中不可或缺的组成部分,其中,狭义文论结构性意识的存在,拓宽了我们对正统主流的广义文论的理解和认知。据此,我们才得以真正理解刘勰《文心雕龙》"文笔之分"的根源不在别处,就在"只存时论"的依经论文立场之中,其"笼罩群言"之说的内在价值与学术评判,或许正是置疑另一种文论之可能,肯定另一种文论恰恰别有一番"体大虑周"之价值的最深根源。

三、诗学与文论:不可通约性

"文论"是"文学理论"的简称,并不等同于"诗学",它们自身所带的貌似自明性有点流俗之见的意味,使人们难以置疑。然而,"貌似"毕竟是貌似,始终不是"等同",由这种"貌似性"引起的思想学术区分后果,其实就是中国诗学与西方文论比较研究的基础。据此可见,中国古代文论的广义研究对象——"文",大致与西语"文学"（literature）所指述的概念相对等。但是，狭义的西方文学理论研究对象泛指以审美为目标的"美的文学"（fine literature），它主要囊括了诗歌、戏剧、小说三大文体样式，而中国古代广义文论的"文"指的则是作为群言的一切言述文本。

再看中国古代文论的狭义研究对象。就"文笔之分"的狭义之"文"来看，它主要指以语言形式结构之言述文本为审美目标的一种"无韵之笔"。它对"用韵比偶"的考究与青睐，与西方狭义文论之"literature"的文性之思有异曲同工之效。而在西方，诗与非诗、文学与非文学的区别不在于是否"用韵比偶"，其区别的标准在于"模仿"与否。这一点自亚里士多德以来就得到了证实，尤其是到了近代以来，文学与非文学的区别标准定位在了"审美"的文学理论准绳上。在此，就"文笔之分"而言的中国狭义审美观与西方20世纪的形式主义文论，仅从纯语言形式结构上的"文学性"而言，确实具有某种内在的一致性（肖朗，2000：106）。但值得注意的是，从俄国形式主义才开始的纯语言结构问题，并不能代表西方文学理论之主流方向，且不能与中国狭义文论的诗文形式理解思路相提并论。毕竟，古今中外，无论是哪一种文论思潮，在世界诗学的构建版图上也只是星火一点。

再看中国古代诗学。中国古代诗学之"诗"：一指诗体韵文（抒情诗）；二指《诗经》；而西方文论中的"诗"（poetry）有广义和狭义之分，广义之"诗"的文学概念包括史诗、戏剧诗与抒情诗。（谭好哲、刘彦顺，2006：80）它与后世狭义之文学（literature）的文体分类概念大体相当，即：抒情诗→诗，戏剧诗→戏剧，史诗→小说。因此，中国古代诗论中"诗"的潜在论域空间，大体等同于西方文论中狭义的"诗"的一般理论。不过值得强调的是，中国古代诗论与西方文学理论（诗学）对狭义之"诗"的理解路数是不一样的。西方文论的广义诗学理解是在文学理论的空间结构中来进行的。中国古代诗论对"诗"的理解从属于一个相对独立的文类研究领域，是广义文论中的"诗文之分"理解，其间最经典的一个范例即是《文心雕龙》。

再者，古代汉语中的"文学"概念使用语境，是没有广义、狭义之分的。因为古代汉语语境中的"文学"概念始终指涉一种有关一切言述文本之"学"的"学问"，而非"文本"本身。因此，中国古代诗学的论说对象，从未聚焦于古代汉语语境中的"文学"现象，当然，也就更不会研究现代汉语语境中的"文学"现象了。毕竟，文艺理论的研究对象设定，与特定论域空间与概念语境的预设有关。西方文论的多层次论域空间是在一系列分类对象的区别设定中进行的。它研究的"诗"指的是一门艺术，与一般艺术的文学概念之间有一种从属性的空间建构关系。（杨河、邓安庆，2002：31）因而在此，"诗学"的逻辑前提取决于它的艺术属性，制约着文学理论对艺术本质的一般思考，是作为艺术学的一部分而存在的。正因为如此，文学理论入思的基本依据，在亚里士多德的《诗学》、黑格尔的《艺术哲学》和韦勒克的《文学理论》中都十分突出，乃是文学与一般艺术的关系问题。其次，文学理论研究的"文学"对象问题，指的是一门特殊的艺术，它与别的艺术门类（表演艺术、视觉艺术、语言艺术、综合艺术）之间是一种并列性的空间关系。一方面，文学，在本质上最具一般的艺术性，同属于"艺术"门类；另一方面，文学，在特征上归于综合艺术的语言表达种类，也最具特殊的艺术性。因而，语言艺术就是文学区别于其他艺术门类的主要标志，其艺术媒介对大千世界的差异性思考，就是文学理论确立"文学"之艺术特征的一种表述方式。再次，"诗"的语言艺术与一般语言学的概念之间也有一种从属性的关系现象，与别的艺术语言现象之间也有一种并列性的种差关系现象。（姚全兴，1989：161）因此，文学的语言问题常常要受制于一般语法学和修辞学的研究，必须借助艺术学的视野将文学言述的特殊艺术性来加以研究，并以此为依据来区别一般语言学研究范围内的诗性

第二章　中西文论对话机制的共同基础

言述与非诗性言述问题。这样一来，中国诗学与西方文学理论的论域空间，就与艺术学和语言学的学术肌理交叉在了一起。这个论域空间的划定，在一般艺术学的门类概念范围内，一方面从属于垂直的网络型关系；另一方面又能与别的艺术门类形成水平的差异型关系。这些关系网的相互交织、相互限制才构成了西方文学理论的入思空间。

相比之下，中国古代文论的研究对象和论域空间，从大体上看，是相对广大、无所不包的，因为没有细密地区分过。它在两度区分的基础上，将自己的思想前提和总体文象设定为"道之文"（艾尔曼，1995：135；译者赵刚）的一种——人文。它对宇宙自然道论的一般思考，在根本上规定着文论的形而上哲思属性。同时，由于"道"以及"道之文"的主导信念之规约，天文、地文、人文、物文之间的并列性关系主要是从"天人合一"的同一性上来理解的，是被纳入无所不包的自然宇宙观中来加以思考的。因此，我们要理解中国古代文论的基本人文思想，就必须从天与地、人与物之间的自然比附方法着手。在此，需要格外强调的是，"技"（艺）在中国古代文论的视野中是一个十分低下的概念。在中国古代，文与艺的关系总在诗论的文论论域之外，完全不可与"诗"同日而语。与之相比，文与道的关系问题倒是大体类似于西方文论中最一般的艺术概念，是最为基本的人文艺术理念。当然，在西方也很难见到在"天人合一"的同一性关系上比附工艺之思的"自然之道"，更没有一个近于我们现在所说的"诗思之道"了。

就此而言，中国古代的广义文论主流，并没有像西方文学理论那样，将文学的言述艺术性单独辟出来作为自己的研究对象，而是从已然自在的文体集合上来设定"弥纶群言"之外延，从而在文、史、哲诸文体言述样式的差异关系空间之内建构起另一基本论域的立论基础。因此，以诸文体自然形成的差异性关系就是中国古代文论的论域根基。而在这一论域中，西方文学理论则在狭义"文学"概念的引导之下，从处于底部的诸文体中选出具有文学性的一部分样本来进行抽象归类与细密研究，从而形成了广义"文学"之下的大共名文体概念，如：抒情文学（诗歌）、戏剧文学（戏剧）和叙事文学（小说）的概念。这些概念既是西方文学理论的主旨所在，又是对语言艺术的叙事性、抒情性、戏剧性、文学性等核心问题进行理论抽象分类思考的结果。而中国诗学则对已然在此的大共名"各体之文"进行形而上的玄思和具体的经验归纳，因此，我们对中国诗学总体文论和诸体文论的历史性考辨主要也是由这些文学性的本质问题而开始的。

正因为如此，在现代汉语语境中，"诗"的概念内涵与中国古汉语中的语义内涵就相去甚远。在西语中，由现代汉语语词翻译过来的西语语词"poetry"的概念内涵，往往是在诗的语言活动与别的文学样式以及其他各艺术门类的关系结构中确立起来的，亦即艺术门类的总关系结构（陶亚兵，1994：27）。而在古汉语语境中，我们对"诗"的概念理解是在其与总体的"道"的关系中来进行的。现代语言学告诉我们，"诗"的语词概念应在一种与别的文体的同一结构性差异关系中确定起来。因此，现代汉语和古代汉语语词术语的不同差异关系域自然会铸造出不同的语义概念来，更不用说是用来翻译的某些西方概念语词了。此外，更为重要的是，在中西比较诗学视阈中的语词原形是同形而不同义的。这不同之义书写的是理论的同一性，是纯然外加的概念差异性使然，绝不是"文论"术语自身变化的结果，而当下通用的"文学理论"之"诗学"（诗论）一词的概念嬗变道理，即是如此。

第三章　中华美学域外传播视域中的文化自觉性与理论自信力

尽管中国诗学与西方文论是两大不可通约的系统，但我们仍能发现两者在某些方面的一致性，寻找这些交合点是比较研究的基础。况且，中国诗学之"文"与西方文学理论之"文学"在概念上存在着巨大的差异，然而这并不妨碍"文"与"文学"都指述的是一种艺术美学的"语言事实"（维特根斯坦，1996：112；译者李步楼）。也就是说，不管诗学与文学理论的差异有多么的大，从根本上看，它们表述的都是有关语言事实的经验和看法。因此，以此观之，无论是中国诗学还是西方文论，都只是在深藏其中的语言观维度中理解和把握文学理论的真理性的。这一维度将中国诗学与西方文论的历史样态展示为实用工具主义和审美形式主义的循环与冲突，同时也在现代语言论的西方思想视野之内，审视了中西方文学理论背后的语言论前提与假定之象，并由此勾勒出一片被中西文论所共享的历时性语言学空间。

第一节　中华美学西化史的接受和演变

"文论"与"诗学"作为一种历史文化遗产，其发明的年代至少可以追溯到雅贝尔斯所谓的"轴心时代"，即柏拉图和孔子的时代。

依雅氏之见，人类几大文明史几乎是由轴心时代几大思想家的原创之思所规定的。在此，本小节将换一种角度，选择一些有代表性的文论思潮个案，在"文化生存价值论"（Abrams，1953：114）的原初之思视野中，考察中国诗学与西方文论的历史性建构及其最为内在的生存论立场。

一、实用主义的中国古代诗论样式

凭靠手边之器具而与万物建立一种实用技艺性关系是人类最为普遍的初始经验，不单西方人如此，中国人也不例外。而且，实用主义作为中国最为古老的传统，即使在今天仍保持着它的巨大魅力。与西方文论不同的是，中国古代诗论的实用主义倾向源发于先秦诸子的用《诗》经验，而非写诗经验，这一点十分重要。因为它暗中决定了后世实用主义诗论的释义基础和叙述特点。为究明这一点，首先须清理一下中国诗论的原初机能。

周知，中国诗学的"开山纲领"是"诗言志"这一命题。据《尚书》记载，"诗言志"之说，最早出于大舜之口。这个被反复引用的语境命题："诗言志，歌永言，声依永，律和声，八音克谐，无相夺伦，神人以和"（周锡山，1992：21），仿佛是就"创诗制乐"而讲的。不过，值得注意的是，经汉人之手编辑的大舜之言，可能已在汉代的语境中被改述和增述了。因此，我们有理由相信，这段话的立论角度和语言观实在太像汉代的《诗大序》，而不像上古之言述。指出这一点十分重要，因为，中国古代实用主义诗论或一般诗论的精神原发地，不是汉代而是先秦，当然更不可能是以大舜之名出现的汉人之说了。（章启群，2005：29）从现有的文献"看诗言志"，这一说法在春秋之时已普遍流行，可以推断它是一古老的说法。不过，对后世诗论影响深远的不是这一可释性很大的历史命题自身，而是对它的解释

第三章　中华美学域外传播视域中的文化自觉性与理论自信力

或理解经验。换句话说，对中国古代诗论之历史性建构而言，至关重要的是"诗言志"这一古老说法最初是在什么样的实践经验中被理解和解释的？推而言之，在后世能见到的初始文献中，中国古人是如何论及"诗"的？

在现有的较为可信的初始文献中，最早提及"诗以言志"的是《左传》，而《左传》里的"诗以言志"显然是从用诗的角度来评价的。据《汉书·艺文志》载："古者诸侯卿大夫交接邻国，以微言相感，当揖让之时，必称诗以谕其志，盖以别贤与不肖，而观盛衰焉。"（海德格尔，2018：45；译者陈嘉映、王庆节）这里，可以看出，所谓"称诗以谕其志"指的就是"借用他人之诗以喻己之志"（鲍姆加登，1998：92；译者缪灵珠），为此才有所谓的"赋诗断章，余取所求"之说。在春秋之际，"言必称诗以谕其志"的言说方式，已经是列国诸侯卿大夫交际应酬与外交谈判时的一种习尚。不独《左传》《孟子》，《荀子》中也有不少引诗言志之例。由此可见，"诗以言志"之说在《左传》中，主要就是针对"借别人之诗以言己之志"（道格拉斯·凯尔纳，2008：67；译者游建荣）而言的，并且，这别人之诗就是后世所谓的《诗》，至少指涉的应该是由孔子校订的《诗》。此外，对"献诗陈志""赋诗言志""教诗明志""作诗言志"（斯宾诺莎，1958：78；译者贺麟）的引用，在中国古代时期，主要是在政治语境中进行的。因此，可以说，《诗》的政治语用学是最为典型的中国源始诗论。这一点，在有关上古"采诗"之记载中也可觅得证据。细察孔子的诗说动因，也可明显见出其据用《诗》经验而说《诗》的痕迹。所谓"不学《诗》，无以言"（威廉·巴雷特，1995：174；译者杨照明、艾平），指的就是在一个言必称《诗》的时代，如果不学《诗》就无法言说的传统话题。至于"兴、观、群、怨"之说，就更是对用《诗》经验的直接概说了。

从现存文献看，先秦诸子基本上是不写诗的，他们也不关心如何写诗，他们的要务是纵论天下政治，或直接从事政治活动。因此，现有之《诗》对他们而言乃是就手可用的工具，尤其是在形成一套"断章取义，余取所求"（迈克尔·苏立文，1998：87；译者陈瑞林）的用《诗》方法之后就更是如此。在此，值得注意的是，对《诗》的附会性政治使用，事实上会逐渐"为己所用"而虚构出另一种《诗》，也会虚构出一套有关《诗》的观念。比如孔子的"《诗》三百，一言以蔽之，曰：思无邪"（宗白华，1994：95），《诗》义之归于"无邪"显然不是《诗》之本义，而是按政治教化的实用需要虚构出来的，只是这种虚构被说成是"现实"罢了。将主观的政治教化要求所虚构的《诗》的理想说成是《诗》的客观品质，又以《诗》被经典化以后的权威名义要求一切诗的写作与使用本意归属于《诗》，这正是儒家诗论的基本样式。在中国诗论史上，最为明确地从写诗的角度论及"诗"并阐发"诗言志"之义者，当首见于汉代的《诗大序》，其曰："诗者，志之所之也，在心为志，发言为诗。情动于中而形于言，言之不足故嗟叹之，嗟叹之不足故永歌之，永歌之不足，不知手之舞之，足之蹈之也。"（爱德华·霍尔，1988：16；译者何延安等）尤其是在秦汉之后，不少士人开始写诗作赋。于是，诗论之眼界的写诗经验逐渐挣脱了传统经验的框定与束缚，进而转向其他的诗论立场。《诗大序》的文字记叙内容明显反映了这一变化。

上引的这段文字陈述，显然是承先秦用《诗》的自发式写诗经验所派生出的一种诗教之说而立论的。由此可见，虽然《诗大序》从情志之自发表现的本能冲动层面论及了诗的自然发生状态，但它并不认同：自然发生的诗歌写作行为就是应当如此的写作，写诗的应然之义本该是"发乎情，止乎礼义"（陈文忠，2001：131）。因为只有"止乎礼义"的诗，才能"经夫妇，成孝敬，厚人伦，美教化，移风俗"（李佛雏，1987：202）。因此，诗歌写作的内在基础与逻辑经验仍然是源发于先秦的政治性用"诗"的规范。在此，这种"限制"与"规

第三章　中华美学域外传播视域中的文化自觉性与理论自信力

范"的自然发生之义应取自用《诗》之义。据此，我们才得以明白，"写诗""守法""宗诗"的超然审美之道，在正统儒家诗论的诗艺研究中，其实是一回事。因此，在儒家实用主义诗用经验启示下的诗艺规则之学，也只能是诗论理念的一种抽绎学罢了。

十分显然，从用《诗》经验出发来建构诗艺规则的中国诗学，是不同于从一般器具制作经验出发来建构诗艺规则的西方文论的。我们知道，在古希腊，进入言述的诗的经验源发于诗人，我们是在诗中见到最初的希腊史诗的全貌的。诗人从作诗的角度论及"诗"，这一传统到亚里士多德时也并无改变，尽管亚氏将作诗的动力源泉从神力还原到人力。由于亚氏将作诗的行为归于一般技艺行为，并以器具制作经验为理解诗作的基础，故而特别强调立足于人的"理性"概念对诗艺之一般法则的归纳与综合。在此，任何一部个别作品都无权成为全部诗艺的"大义之府"（李汝信、王德胜，2004：178）。不仅如此，诗之用也主要是理性求知与感性愉悦的双重结合，并不局限于单维的政治性使用之功。

在中国古代文论中，器具经验潜在支配的认知痕迹也是明显存在着的。以工匠之事类比诗文之作者固然很多，直接以文为匠者也不少见。然而，在中国特殊的政治实用主义背景中，一般器具经验总是被纳入最初的经典使用与崇拜经验中来加以运用，其间最突出的表征现象就是从经典中先抽取最普遍的规矩法度与通用体制，然后再用一般器具经验对其加以附和性的说明，而不是直接从一般诗文之写作中归纳、综合出一般法则。即使有些法则明显来源于"非经典之经验"（卢善庆，1991：29）的归纳与总结，但殊途同归，最终也还是要将其源头追溯到经典那里去。这种沿波讨源、取法于经的技艺之思，与西方文论最初的用典之经验，以及这种经验的神圣化文学观念，其实是一脉相承的。

二、审美主义的中国古代诗论意蕴

由于中国实用主义诗论的基础是神圣化的用《诗》经验，因而它的疏离与反叛总是从自发的写诗经验入手。在自发的写诗经验中，人们不可能感到在"发乎情"与"止乎礼义"之间有什么必然关联性，并且，更为直接的写诗经验不外乎是一种自然发泄与自适自娱的行为，而诗的接受经验也不过是一种审美愉悦的感知快感。所谓"缘情说"与"言志说"的分水岭之界，其实就是审美主义与实用主义的分野线罢了。不过，中国诗论史上的审美主义是一个复杂的话题，"缘情说"只是其中的一种。

中国古代诗论的"缘情说"，首见于陆机的《文赋》："诗缘情而绮靡。"在此，要深究的是：诗的所缘之"情"以及诗的"绮靡"之性所指为何？"缘情说"是在什么意义上才规划出自己的审美之维的？"情"字在古汉语语境中的使用之处五花八门，但就"缘情说"而言，它主要指人的"性情"。在此，"性"指本性、本能，"情"则指在外物刺激下人的本性本能之反应及状态。《礼记》释"情"为：喜怒哀惧爱憎欲，即所谓的"七情"。故刘勰说："诗之发生为'人禀七情，应物斯感，感物吟志，莫非自然。'"（江溶河，2007：76）对"缘情论"者而言，诗是人的喜怒哀惧爱憎欲之七情的自然抒发，这种自然抒发之情才是"真情"，对此真情的言述才是"真声"，因而对性情之自然抒发的任何限制都是违反自然而不真实的。在此理路上，"发乎情"的后面就不能加上"止乎礼义"这一尾巴。这种文艺意识，将人的本性对外部刺激的本能反应设定为诗之发生的根由，进而将这种本能反应之"七情"情欲设定为诗的内容，并将诗的抒发方式定位为任性而为的自发宣泄行为，就是"缘情说"对诗之发生、内容与方式的解说与规定。根据康德的审美情感分析论，纯粹的审美情感，既不同于纯生理性的感官反应之情感，又不同于纯理性之概念性

第三章　中华美学域外传播视域中的文化自觉性与理论自信力

反应的情感。显然，所谓"喜怒哀惧爱憎欲"的"七情"情欲，要么是纯生理反应之情，要么是习惯化的无意识理性反应之情。（Qian Zhaoming，2003：111）因此，不能将"缘情说"简单地归同于纯粹的审美表现论之说。

接下来，再看"绮靡"的诗论之说。据杨明在《魏晋南北朝文学批评史》中所言，"'绮靡'即美好之意。当时，人单用'绮'字或'靡'字，都可表示美好的意思。"（陈瑞林，2006：92）对此，杨明还举了不少例证。其实，魏晋六朝时，已有不少人从审美的角度，明确品论过"诗"的特征与功能，这一点似乎已是不争的事实。此外，早在陆机之前，就有曹丕提出过"诗赋欲丽"之说；而曹丕和陆机的诗论之说，又都是以"绮靡"和"欲丽"之维，来区别看待诗（赋）与别的文体之功能特征的。不过，新的问题又出来了："绮靡论"者是如何理解并设定诗的审美品格的？这里，值得一提的是中国古代审美狭义"文"论的代表人物之一——萧统。因为，在《文选序》中，对萧统而言，最典型的"文"就是"诗赋"。萧统纵论完各类文体之后，一言以蔽之，指出：所有的"文"在其终极目的上都是供"入耳之娱"和"悦耳之玩"的。对此，陆机本人在《演连珠》中也有类似的说法："音以比耳为美，色以悦目为欢。"（陈振濂，2000：143）所谓的"绮靡"之审美品格，就是在这种感官愉悦之维的认知鉴赏中来加以理解的。

中国古代最早的审美意识，其实发端于古人对五官愉悦之感受的体验。将日常感官的审美意识，移用于诗歌接受行为的引申中介，都是在这一体验的基础上考辨得出的。从钟嵘的《诗品》，到品味人物、品味诗艺，以五官愉悦为核心经验的中国古代审美意识，在历代诗论中更是就势托依了这种感性传统，才有了那么多复杂玄奥之精神意蕴的"滋味说""韵味说"。就此而言，西方康德式的纯粹审美鉴赏论，若以感官愉悦审美意识的纯粹度来衡量，是不能混同于中国古代审美诗说的"绮靡论"的，后者强调的是儒家正统诗论的审美愉悦经验和文性叙事诗技。正是这种理性审美的眼光，才塑造了中国古代诗论的美学观念，也塑造了中国古代诗赋对"美"这一语词的使用语境与诗学视野。在西方文论思想体系的审美意识中，较为接近庄子养生道论的是以"经验论"为基础的康德式审美意识。但细察之下，两者的差异却很大。庄子的养生之道，是不在"外在之利"和"内在之欲"的驱迫下，与天地万物合一而乐的"游心智慧"（戴阿宝、李世涛，2006：131）。这是一种走向"天乐"的心路历程和逍遥策略。这种自由自在地悠游于天地万物之间的"天乐"之道，既非无欲无感的感性愉悦之乐，亦非绝圣去智的理性之乐，而是在寻常之美中发现的"如此之大美的天乐"（陈望衡，2000：97）。这一点在康德的《判断力批判》中，也有对感官审美意识的深入分析和反省判断。所以，西方近现代的审美"文学"理论——康德美学，对"善的愉快"的概念规定，才能在给定直观中的表现能力或想象悟性力中，促进诗论和美学的协和与统一。康德式的审美愉悦，虽不同于纯感官愉悦，但它却离不开对纯形式的感官感受；虽不同于理性愉悦，但它的想象中却有合乎目的性的领悟力以及不确定的概念力在运动。而庄子式的"天乐之道"，完全摆脱了感性和理性的束缚，既不执于感官对纯形式的把握，也不执于理性对终极目的的把握。它一无所执，逍遥而自在，"畅超然之高情"（黄可馨，2000：122），就只是一种纯粹的超然之乐。

庄子的养生之道，作为一种通向"天乐"的超然审美之道，为西方的审美主义及其后世的文论筋脉打通了思想上的"任督二脉"。它的用心智慧，将西方的审美诗论引向了中国式的心理主义。在此，细察之，我们会发现：心境亦"意境"的审美诗论，似可名之为"超然之审美心理说"（黄时鉴，2001：84）。司空图之《二十四诗品》对心境的描述，显然是对庄子之道的放大式复述，但它却完成了庄子道论向诗性话语的全方位转换。康德美学的诗境之思，也没有超出庄子的"心境"思想，反而是从另一个文化价值的生存角度，对超然之审美智慧的心路历程做了描述。在此，"超然之心态、超然之心路、超然之心境、超然之心象、超然之心悦"（李汝信、王德胜，2000：153）的诗意规定性，在中西文论比较诗学视阈下的当代中国文化复兴思潮中，又都获得了通向至高之诗意的心理素材。如是观之，文学创作的语词表达之梦，终会"不着一字、尽得风流"，最终抵达"超然之心境"（刘悦笛，2006：199）的诗论审美之梦。

在世界诗学的绘制版图里，中国道家的超然审美诗论提供了最为庞大而又最为纯粹的心象（意象）之路。它的言外之旨、意外之意，恬然自适地谈论了有关静、远、淡、空、素、朴、闲的诸多意境学理与心味阐说。正所谓是"百家腾跃，终入环内"。我们在大略分析了中西传统诗思中的一般性差异之后，也同时发现了它们共同的入思方式，那就是对诗之工具性和审美性的"情有独钟"。尽管中西文明的历史契机不同，才导致了中西文论不同的偏执方式与解说重心。这种内在的工具性眼界和审美性视野，却深深地规约着中西传统诗思的入思之路与描述之域。这正是我们得以对差异纷呈的中西诗思进行比较型研究的一个心性支点。

三、语言转向的中国古代诗论经验

就诗本身而言，须深究的是，究竟是什么因素使这种工具性的偏执和审美性的钟爱成为可能的呢？西方近代文论思潮的"语言学转向"为我们提供了启示。当我们将诗最终还原为一种语言事实时，我们就会发现：正是诗的语言可能性，为这些衷情式的"偏爱"准备了道路。因为语言既可以成为人们日常使用的工具，又可以成为人们的审美对象。语言的工具性使用经验是最为寻常的日常经验，故而工具性诗思之情总是相当原始的。相对而言，人们对语言的审美性经验要晚一些。因为它必以中断人与语言的工具性关系为前提，所以审美性诗思（主要指对语言形式的审美性诗思）总要迟一步。此外，近代文论的语言学转向给我们的重要启示在于：语言还有意义性之维，亦即语言与意义的建构或解构有关。为此，语言的现实存在基础还会展示为独一无二的意义之发生、持存、变异与消失的历史性事件，而"本真的诗"（Martin，1986：51）恰恰在语言的这一维度上成为原始的语言事件。语言与诗之间的这种真理性关联度（不是传达什么真理，比如传道，而是作为源始真理而发生）一直在中西传统的诗思领域之外。由此，它才标划出中西传统诗思的界限。

语言真理之维的诗思意识，可以说是 21 世纪语言之思的重大成果。这一成果，将诗与艺术的问题意识推入了一个全新的地平线之地。据此，至关重要的语言论立场不仅要强调语词与实在的分离意义，还要强调意义与实在的分离逻辑，以及语词与意义的相关性规则。正是这种相关性是我们重提诗与艺术问题的分析基础。早在 1725 年出版的《新科学》中，维柯就指出所谓"真实的"不外是"人造的"，而所谓"人造的"不外是"语言的"知识框架，因为"头脑被语言的属性所塑造，而不是语言由那些讲它的头脑所创造"（Moore，1903：124）。赫尔德在 1772 年出版的《论语言的起源》中也指出：最早的语言是"一部心灵的字典"（Lukacs，1964：102），这部字典由一系列的隐喻和象征所组成，原始人就生活在这些隐喻和象征建构的"现实"之中。发端于维柯等人的新语言意识到 20 世纪进一步明确起来，人们才逐步意识到：所谓的"现实""世界""历史"甚至"自然"都不外是语言建构的产物。那种在语言之外的"现实""世界""历史"与"自然"即使处在那里也无法接近，因为接近它们的工具是语言，而语言并不是一条通道，也不是一面准确无误的透明镜。语言是一种具有加工能力的机器，它能将一切经验素材加以

第三章 中华美学域外传播视域中的文化自觉性与理论自信力

铸造，造成所谓的现实、世界、历史与自然。在语词对实在意义的建构上，逻辑与隐喻没有什么两样，不过，值得注意的是，隐喻的语言建构却是最源始，也是最有原创性的。因此，我们人类对这两者的传统估价要颠倒过来方可成事。

21世纪西方文论思潮的"语言学转向"，在其确切的意义上指的就是这一"颠倒式"认知革命活动。这一颠倒对西方人文学术的研究格局产生了重大影响。以前长期处于边缘的"诗"突然成了文艺理论的研究中心，对诗性话语的研究成了研究别的人文学术（包括哲学）的艺术基础，"诗学"也成了元科学。（顾卫民，2005：136）不过，成为元科学的"诗学"已不再具有传统诗学的学科意义。所以，"诗"的研究不再是传统话语分类基础上的文体研究，而是对一种源始的、基础性的语言样式和思维样式的研究。这种语言样式不仅以传统的诗体风貌样式出现，也渗透在各种非诗体的话语表达中，其间也包括哲学的文体样式表达。因此，"诗"的研究任务不再局限于传统文体分类的学术范围之内，而是拓展至传统人文诸学科的诗性本质之思上。这一现代诗思的新维度将自身标划在传统的诗学与文学理论之外，更为清楚地向我们展示了诗学思想的自设对象和专有对象，并开始向所有非诗学的问题敞开，一跃成为当代中西文明新思想的激发之源。

有意思的是，就在我们借助现代语言学的研究视野，跨出传统诗学的文论界域而进入新的思想空间时，我们也更清楚地看到了传统诗学的二维语言论限度："语词与实在"的关系域和"语词与语词"的关系域。不独西方文论（文学理论）在这两大界域内运思，中国诗学也未出乎其外。中国古代实用主义文论的语言学基础就是实在中心论。最初，中国先民把语词看作是一种实在的标记，不同的实在显现为不同的语言标记，就像是不同的自然事物显现出不同的形貌一般。所谓水之有波，木之有纹，天之有象，地之有理，一切都自然而然。

中西文论对话版图中的中华美学基因传承与当代表达研究

中国古人用"文-质"这对范畴来概说一切事物的内质与外形,并以自然事物的内质与外形关系来类比言辞(名、文)与所指的实在(实、质)之间的关系。不过,当古人被"名不符实"这一语言经验困扰时,名与实的二元分离就在所难免了。但以一种自然的态度看待实在与语词的先民们,仅仅将"名不符实"看作是一种语言误用的现象,以为只要正确地使用语词,"名符其实"就是有可能的。殊不知,作为"名符其实"的"君子之言",其主要特征在于"心合于道,说合于心,辞合于说。"(陈望衡,2007:105)这里,道、心、说、辞是四位一体的。

在中国古代思想史上,这种名实一体的信念主要是由自然事物之文质关系的类比性来保证的。在《文心雕龙·情采》中,自然事物的文与质是浑然天成的一体,但语言经验中的名与实(采与情)则不然。自然事物的"文"是由质决定的,而语言经验中的"名"却可以是独立存在的。此外,语言经验中的名实关系远不是一种自然关系,而是一种文化关系,其中的"实"不是名外之"实",其中的"名"也不只是被动的表达工具。名与实的一体关系绝不能从自然关系上来理解。然而,实用主义文论的学理假定,恰恰是以这种语言的误解观点为基础的,因为后者允诺了一种"名符其实"的语言理想,并将语言之实等同于客观之实。毕竟,对实用主义文论而言,人类语言行为的要旨在于表达他们所以为的客观之实(比如天道、人情、常理、自然等等)。这样的语言表达才能提供经世致用的"信言""实言"与"真言"。

虽然,中国古人没像西方人那样,假定语词与实在间的逻辑同一性关系,而是在自然现象的比附中,假定了语词与实在的自然同一性关系。然则,无论是哪一种同一性关系,都将语词虚化为一种十足的工具,将实在设定为目的。"如何以语词有效地表达实在"或者"如何有效地发挥语词的工具性"是实用主义文论的基本问题。重质轻文

第三章　中华美学域外传播视域中的文化自觉性与理论自信力

者担心："言过其实"而取"节文"之立场，标榜"朴实无华"的真言。文质并重者以为："言而无文，行而不远"（陈元晖，1981：121），主张"衔华佩实"，反对淫辞浅意，而取"文质彬彬"的立场，标榜"华实并茂"的巧言。实用主义范围内的直言与巧言之争并无实质性的差别，因为它们面对的是同一个问题，同一个目的，同一个语言信念：如何以语词有效地表达实在意义？在此，至关重要的是：语词的存在被工具性地理解而化为"虚无"了。这对重质轻文者和义质并重者而言都一样。正因为如此，只有将语词与实在的自然联系彻底打破，将语词独立成一自在的实体，对语词的工具性理解才会中止，真正的"重文轻质"才有可能被研发出来。

再者，深藏在实用主义文论中的上述语言观，还深深地支配着所谓的"言意之辨"和"立象比兴"之说。细而察之，我们就会发现，无论是"言尽意说"还是"言不尽意说"，谈的都是"言"的工具性问题。前者谈的是"言"的无限度效能问题，此说最为浅薄；后者谈的是言的工具性限度问题，此说有其深刻的一面，但仍有虚假的信念之嫌，那就是相信"言"要表达的是"言外之意"，或相信"意"在"言"外的主观臆念。在此，所谓"言外之意"，不是指秘响旁通的言述隐喻，而是指一种在言外、先于言述表达的客观实在。"言不尽意"论者始终不曾甄别出言述的意义构成与客观实在的存在论差异，只是一味地将"意"设想为"一个浑圆在那里的实体"，故而将"言不尽意"之说变为了一种"玄谈"。所谓"立象尽意"之说，与"兴寄"之论，可以看作是对"言不尽意"之说者提供的一种解决办法。不过，这种办法究竟有什么效能？是否真能尽如人意？也只有系统地考辨之后，才能见分晓。但是，有一点是十分肯定的，那就是这些论说都集中在言述的工具性问题上。

中国古代诗论对语词工具性的认定与坚持，在根本上取消了诗文的实质性存在与文化性价值，使其寄生于叙事论表述内容的"工具性"上。周知，诗文的价值取决于其"载道"之"载"与"寄情"之"寄"，而其"载"与"寄"的价值又取决于所载之"道"与所寄之"情"。在此，至关重要的是，诗文之语词结构对道、情、理、物这些语词表达的"实在"确实是无所作为的，它只是一种被动的容器与载体罢了。因此，诗文之价值就是一种工具性的存在价值。我们由于看不到语词对道情理物这些所谓的"实在"的构成性，诗文的价值与意义对实用主义者而言，始终是隐匿的。（金雅，2005：143）就此，我们才会明白何以实用主义者对诗文之毁誉有那么大的起伏，因为有用性总是相对的，对你有用者，对我未必有用。从这种审美态度出发，语词结构的独立自在性，亦能成为中国狭义文论的单独审美对象，也就不足为奇了。不过，与俄国形式主义诗学的语言学基础相比，我们仍可以看到中国古代文论史上一种不同于西方实用主义的思想维度。尽管如此，这一维度同样是由语词与语词之间的审美性关系域来标划的，是一种深入阐述诗文本质要义的直觉表达和思想经验。

中国古代文论对语词意义构成性的重视，使之常常聚焦于工具性和审美性的二维眼界，来论说"文性"的思路。这种眼界是西方实用主义文论和审美主义文论的深层根基。这里，有必要一提的是王夫之的"集文成质"之说。在文质的关系上，王夫之持绝对的有机统一之念。在《尚书引义·毕命》中，他提出了中国古代文论史从未有过的新见解："集文以成质"，"质待文生"（莫小也，2002：162）。王夫之直觉本能地道明了文对质的构成性，但是，他的文论基础是古老的自然有机体之说，而非语言论本身的逻辑性。这种古老的自然类比性思维方式，在古代十分自然、十分朴实，以至于这种直觉中的真理之维，在"文质一体"的文学观念中，概述了美的艺术的共性原理，应和了当代中国文化复兴思潮的思想时尚：天人合一。事实上，从语言之维，我们终于找到了中西传统诗思最为内在的入思方式与论说之域：以实在为中心的"语词与实在"之域和以语词为中心的"语词与语词"之域。而处于这两大界域之外的"语词与意义"之域，不仅标划出了实用主义和审美主义的语言观基础与范域限度，还在现代语言思想的新维度上重新确立了现代文论概念的界限与内涵。就此，我们可以在这块诗思共享的信念之域，为中国诗学和西方文论的学科意识找到一处可比性的科学地基。这块地基不是别的，就是使中西传统诗思成为纯理智的科学知识的审美艺术。

第二节 中华美学的当代海外发展态势

在当今世界文化领域，中西方文化的比较研究备受重视。因为比较研究可以促使双方的文化交流与融合。比较研究的根本点是对话，在对话中双方可以从对方文化中吸取有利于自身发展的东西，使自己的文化能有更广泛的适应性，被更多的人所接受。中西方文论的比较是中西文化比较的一个构成部分。两种文论的比较研究就是二者的对话，而中西方文论的对话是一种话语研究，它不仅关注文本说什么（内容），怎么说的（表现方式），还进一步关注文本展开的语境及达到的沟通效果。话语作为文化最核心的部分，对文论体系、文学观念具有决定性的作用。因此，中西文论的对话，关键就是实现其话语之间的相互对话。"忽略话语层面，忽略文化最基本的意义建构方式和言说规则，任何异质文论的对话只会有两种可能：要么是千奇百怪的表层文化现象比较，要么就依旧是强势文论的一家独白。"（李心峰，2005：193）中西方文论的对话首先要了解对话各方的话语，然后再寻找相互之间能够达成共识和理解的基本规则。在中西方文论话语的对话中，两种文论才能走向新的实践生命，走向交流与融合。

比较研究中西方文论话语，是一项规模宏大、层次复杂的工程。它需要从各个方位与各种视角加以考察和分析，而且由于中西文化诸多因素的动态发展，使得这种考察分析更难以有确定的规则。本书前面所分析的中西文论话语的区别，尽管可能只是这个话语研究工程中有限的内容，但其牵及的文论话语制约因素已见复杂和多样。当然，中西文论话语比较的最终意义并不是简单地厘清复杂因素和关系本身，而是要经过二者的比较，寻求异质文论之间的对话、沟通，从而实现中西文化的借鉴、融合，促进文化的传承更新与创造的目标。具体说来，中西文论话语比较的意义，一是使人们正确理解中西文论的标志和核心，认识二者的相同与相异之处，发掘二者自身的潜力，寻求二者的融会贯通、互补互映；二是进一步增强民族自豪感，促进中国文化的传承与创新，为重建中国当今的文论话语提供核心依据和参考基础。

一、融通与互补

中西方文论是两种话语体系，既有差异性，也有共同性。对此，本书前面第二章节已做过具体的论述。在此，我们应该在了解差异性的基础上进一步论述二者互补互映的理论个性及其诗学价值，同时找到二者融会贯通的共性依据，进而更加鲜明地推进世界文论的迭代与更新。

（一）本质共性的寻求

中国古代诗学与西方文论的话语体系，虽然在不少概念上具有完全不同的民族特色，在言说路向和言说方式上也各不相同；但是，两种体系的文论内容却殊途同归，在各自不同的文化背景中创造了各自的话语世界。这就为两种文论的交融互涉与对话沟通建立了最基本的通约性。它们彼此借鉴、相互吸引，对文学本质和文学创造规律的探讨有不少相同之处，共同勾勒出了一个极尽完美的世界诗学文论

第三章　中华美学域外传播视域中的文化自觉性与理论自信力

版图。

中西方文论的辩证思维方式有着较大的差异性，但朴素、自发的原始思维根源性却具有某些共同之处。这种殊途同归的思维方式，对中西方古代社会的先哲们都产生了重大的影响，其根本原因就在于中西先哲们都基于这种朴素的辩证思维方式，直观地认识到："世界是一个运动变化、对立统一的整体；一切普遍联系着的事物都在相互作用和消失着。"（Stein，1998：117）中西文论话语体系的发展机制遵循的也是这种朴素、辩证的思维传统：依据二元或多元话语单位之间的区别与联系，促使中西方文论话语的互动观念在二元或多元的关系链中获得传承与更新。通过建立二者间最宏观的共性关系网，达成世界文论一系列范畴或观念的多元化发展机制。中西方文论的诗学观念都与朴素辩证的传统思维方式相关联，比如：西方文论范畴中有形式与内容、朴素与感伤、隐喻与转喻、再现与表现、美与丑、语言与言语的二元关系文论概念，也有柏拉图的"人的性格三等级"、亚里士多德的"模仿说"、托马斯·阿奎那的"美的三因素"、新古典主义的"三一律"、黑格尔的"艺术三类型"、英伽登的"文学四层面"等多元关系的文学艺术观念。中国古代诗学的文论要素里也有情与境、虚与实、意与象、形与神、阴与阳、动与静的二元关系范畴或观念，以及"言象意、事理情"，"兴观群怨"，"三格、四境、五理、六义、七准、八征"（潘耀昌，2002：103）等多元文论范畴的文学因素和创作原则。据此，不难看出，中西文论家们为了使具有鲜明对立关系的文论话语本身能够沿着多元互补的途径发展，都竭力将文学实践中的关联性创作原则，纳入到变通、互补的世界诗学框架中予以评价与分析。这样一来，中西文论各方多元关系之间建立起的统一对话机制，就在二元关系话语的相互比照中，获得了文论范畴观念阐释的强大支撑力，更使中西文论二元之间的区别与联系形成了一种潜在的本质共性。

中西文论对话版图中的中华美学基因传承与当代表达研究

周知,中西方文论的多元认知立场,在文论范畴和文学观念的关系认识上也是有区别的。多元化的文论范畴和观念,在中国古代诗学体系的框架中多以并列关系铺排为主,具有较为明显的独立创作性。(卢善庆,1988:221)而西方文论在明确区分文论观念言说特征的前提下,习惯于利用多元关系话语范畴的合力作用,更注重将多元核心观念的某一共同指向分析得非常清晰与全面。但是,尽管中西文论的二元思维方式有其区别性,但它们的多元观念,在文化源头上都运用了朴素、辩证的哲思理念,都具有系统的一面。这使得我们在构建中西方文论范畴对话机制的时候,觅得了一个二元互补和多元分解的切入点,也就可使中西方文论观念的推演建设,在二元对立和多元融通之中得以互补、共建,并能从彼此的二元或多元话语关系中发现自身的潜力,展开世界诗学发展的完善之路。

中西文论两大体系,在言说方式上存在着重大差异,但在文论话语的表述功能和指涉对象上,却有着惊人的相似之处,尤其是在一些重要的、涵盖面颇广的"原命题"理论探索上。比如,作为艺术本质论的西方模仿说与中国"虚实相生"的关系说,虽然在表现人类智慧的内涵上不尽相同,但在对于艺术与现实的关系分析中却有着很大的对接性。因为它们都认为"艺术是通过外物的观察进行模仿自然和社会人生的产物"(聂振斌,1984:165),是"度物而取真"(聂振斌,1984:168)的人类情感再现,即:从模仿说到表现说的西方文论观念衍变,是从外部出发的表现人类情感的艺术本质论,而中国的"虚实相生"说和"诗缘情"说,则是从"世界-作家-文本-读者"的艺术创作规律来概括文学作品的艺术本质的,其实也是由客观到主观、从外部到内在发展的"诗言志"的本质论。可见,中西方文论的共同特点,都青睐于从外部世界出发来探讨文学艺术的本质属性,而西方现代文论的内部性本质目光,则由外部转向了内部,将重心焦点投注在文本中心主义的"文本"和"语言"上。

第三章　中华美学域外传播视域中的文化自觉性与理论自信力

中国古代文论也注重对语言文体的研究，即中国式的"诗论"。虽说这两种"文本中心主义文论"不能完全画等号，但西方文论中的"新批评"理念和"意象批评"范式，倒也成了中国现代文论接受、关注文学文本构成的文化心理基础。再者，中国的"言象意说"与西方的"文本层次理论"，中国的"奇正变通"论与西方的"陌生化"理论，中国的"诗无达诂"论与西方的"阐释学"相比，有许多相似的思想智慧共同性，尽管各具民族特色，却具有人类艺术发展的某种相互融通性。据此，我们可以从诸如此类的文论功能和共同规律中，总结出中西文论话语沟通的某些相似之处和最具可能性的因素。因此，在中西方文论话语互相融通、彼此沟通的基础上，我们就可以合理利用两种文论间的某些相似或共同质素，用中国古代文论的传统文化心理基础来激发西方现当代文论话语的建设，也可以用西方文论的理念范畴去阐释中国文论视界中的诗学元素，彼此交流、互相接收、共同融合，从而给各自的纵深发展和两种文论的平等对话寻找一条深入发展的激活路径和一个得以展开的广阔平台。（邱明正、于文杰，1998：125）

（二）民族特色的凸显

中西方文论话语"比较"的出发点和真正价值，只是为了在探求二者相异之处的同时，建立一个可以互补的关系平台。从寻求"共同性"出发，进而比较、辨异，是探求异质文论对话、关注民族特色属性的独特出发点。其间，"求同"就意味着融汇和沟通，而"辨异"的效果则是在互相对比中取长补短、互相补充，从而在彰显各自文论个性的美学诉求中达到相互辉映的成长目标。一言以蔽之，中西方文论话语差异比较的研究价值问题，有以下几方面的益处和意义。

首先，"古为今用""洋为中用"的文论走向之路就值得一提。这里，需迫切澄清的是话语比较的语境分析方法问题。由于文论话语与文学创作和文学现象的语境有着极大的差异性，因此，完全照搬中国古代诗学或西方当代文论的范式框架来观照、阐释世界文学版图的当下实情，已不切时宜，亦不切合各国文论的民族特色与风骨文心。中国文论的诗学传统，在当今全球化语境的影响和规制中，受到了"西学东渐"文化之风的影响和冲击。另一方面，根植于中国古代文论传统的中国诗学体系，要实现"西方文论中国化"的"转换"和"接受"，既有赖于中西文论传统话语的现代转换，又有赖于各自特色、各自长处的超越式互补。所以，在此基础上，对中西方文论话语模式的研究，就应清楚地了解各自存在的不足和缺陷，以期探寻出一种融中西文论话语之长和独创特征为一体的、适合于当代世界诗学建构格局的文论模式。

其次，中西方文论话语的比较研究，在"话语"学术视域的引导下，开辟出了一条新的探究中西方民族文化精髓的互鉴之路。一般而言，中国古代诗学和当代西方文论赖以生存的民族文化心理状态不同，人们习惯于从中西方文艺实践活动的本质成因及各自的表现特征等方面加以比较、分析，由此产生了诸多难厘定的文艺观概念与内涵。而在中西文论比较诗学视阈下的当代中国文化复兴思潮研究，可以专门从"民族特色文化"层面找到中西文论内在与外在差异的特殊实质，避开比较研究中那些"争执不下"的异同内容难以辨清的困境。因为"文化"是文论最核心的部分，对在一定传统社会政治和经济背景下所形成的思维表达、文学观念等方面的话语规则等具有决定性的作用。（谭好哲、刘彦顺，2006：193）所以，"民族文化"的研究视域，是一种根源于异质文化的生活方式，但同时也影响着人们的表达习惯的视野。该视阈在一定程度上给中西文论根本性差异的研究路径，圈定了一个新的核心质素。

再者，中西文论话语的文化属性虽说具有一定程度的不可通约性，但众所周知，异质之处愈鲜明，其互补的洞见之处，价值就愈大。从两种文论的互补性入手，西方文论中所没有的文艺观点，恰恰可以由中国古代诗学体系中的典型理论来补充、完善。二者的某些差异，粗疏而言，略显些外在性。通过中西文论的比较，我们便发现：中国古代的意境论极富民族特色，同时也是最为成熟完美、极富世界意义的文学理论。它对文艺实践研究的精细成熟度和现代意义，足以弥补西方现代主义文论缺失审美意境的遗憾之处。而蓬勃发展的西方意象主义文艺流派，在中国艺术美学追求的启发下，也开始走向了"求知象外"（李子惟，2006：97）的意境论。至此，我们已经可以看出：西方文论的艺术表现见解已不满足于"写得太实太真的直白观"（陈伟，1993：143），而是在中西文化的差异性中开始寻求"互补有无"的共同点，承认中国诗学不可取代的意象价值，彼此共生、并行发展。可见，文化属性的差异性乃是中西文论话语发展与互补的前提，二者间的对话和沟通，在今天"人类命运共同体"国际形势的映衬下，世界文化的交融是总的趋势。但世界文论发展的未来，在典型理论要义的接受层面上，中西文论的文化阵营还存有相当大的间隔距。这也恰恰说明了中西文论以其文化传统优势为主导的理想体现，确实是有同有异。总之，"各美其美，天下大同"（彭锋，2006：144）的文化生态和谐局面的创造与更新，势必有赖于"和而不同"的中西文论的借鉴与共荣。

二、转换与重建

20世纪90年代中期至今，在经济全球化、文化交流日益频繁的当下，当代世界诗学的格局转换与话语重建业已成为中西文论界关注颇多的热点问题。原因是西方文论的"中国化"之路日渐中断了我们中国古典诗学的文论传统，外来理论的过分吸收令中国当代文论的发展失去了生命力和自我言说的创造力。因此，中国文论话语转换与重建的呼声越来越高，它们主张吸纳古今中外文论成果的优势以充实自身，并同时实现中国古代文论话语传统的现代性转换，以构建起真正能够为当代艺术发展服务的世界诗学体系。尽管"转换重建"的理想体现论涉及中国当代文学艺术和民族文化的传承应走什么道路的问题，但当代世界诗学文论话语权的重建问题和对中国当代文论是否"失语"的思考，已是无可否认的事实。因此，为了解决当代文论话语系统的正确发展方向问题，文化传统与文论重建的适应性问题，首先应达成共识。

早在五四时期，西方文论话语的译介与输入，导致我们中国传统文论的研究在西方时髦理论面前只能扮演"人云亦云"的角色，以至于中国文论的有效进展形成了"反传统"的局面。这种失落与断裂自从新时期以来有其特殊的文化背景，同时也造就了五花八门的西方文论能够过激地担负起"独当一面"的局面。为了扭转这种局面，中国古代文论话语权的"重建"问题，在古代文学、现当代文学、文艺学、美学、艺术学等各学科领域的探讨热潮至今未退，而且还影响到了世界诗学体系现代阐释的开掘与反思议题。换句话而言，中国古代文论的话语重建，实质是立足于本民族文化、正确认识和吸纳古今中外优秀文论成果的一项现代化工作。也就是说，在中西文论话语的比较中，我们不能生硬地诠释和理解西方文论，更不应该"全盘西化"和"全盘接受"，而是要在弘扬中华民族文化的优势中合理地对待它们各自的长处和短处，从而为当代文论话语体系的"转换与重建"提供具体的对接性依据。

当代世界诗学格局的重建与发展，首先要稳稳地立足于中国传统文论的"转换与激活"，但这并不意味着要照抄、照搬古代文论，因为古代传统文论的批评范畴（如：神思、比兴、妙悟等）与当代新兴文学潮流的发展轨道早已相脱节。所以，那些已经失去生命力的话语

第三章　中华美学域外传播视域中的文化自觉性与理论自信力

规则在现代化的文论语境中已没有用武之地，必须摒除；而那些依然散发光彩、能独树一帜的理论术语、审美概念、表达方式则需要完成现代性的"转换"，并要在当代文论话语因素的实践继承中进一步充实、壮大起来。（聂振斌，1991：117）当然，这项有难度的转换工作究竟要如何着手，才能使中国古代文论的话语体系以"现代人"的身份积极介入到当代世界文学批评的文化语境与主体精神中去？对此，我们只有从思维模式、构意规则、话语空间等具体层面的"文学性"出发，去思考中西方文论话语的贯通渠道和对接点，才有可能找到实现中国古代文论"现代转换"的对接通道。

当然，中国古代文论话语的现代性承继问题，不仅仅是转换与重建的问题，其中也包括对西方文论的中国化接受和合理吸纳。这就是说：西方文论话语的片面移植，在全球化语境势头的影响下，淹没了中国现当代文论的声音而丧失了自己表达的话语权，再加上西方文论话语的借用和浸染截断了我们中国古代的文论传统，中国诗学的理论话语这才走上了一条"严重西化"的道路。这条道路是不可行的，不是我们所要的"转换"与"重建"之路，也不能最有效地批评和解读世界文学的实践之路。但是，西方文艺思潮及理论话语的解读方法，对中国现当代文论话语重建所产生的影响却又是不争的事实。所以说，对待西方文论话语的理论框架，尤其是与中国当代文学与世界文学发展适应的成分，我们可以按照为人类文化所共有的现实需要，有目的、有选择地吸纳、借鉴那些完全适合发展自己文论的可取之处，构建一套属于自己的观点学说或思路范式。因为只有建立在古今中外"对话"关系之上的"中国特色文学理论"，最终才能服务于具有现代性的、以弘扬民族文化为主要任务的当代世界诗学理论的转换与重建。毕竟，只有适合，才能真正得以落实成效，而中国古代文论话语的现代性变革，作为世界诗学重建格局里的一分子，势必也能顺势而为、与时俱进，解答当下文学研究的诸多难题。

值此之际，中国古代文论话语的"转换"与"重建"，按照中国华夏文脉的"循回"引导，在理论交融、文化杂糅的创新实践中，理应从中外文论话语的"异质性"入手，逐步完成从"西方化"到"化西方"的转变。为达到这一目的，中西文论的交流与对话不失为一条行之有效的具体解决之道。这种做法在实现"转换重建"的路径讨论中，既能趁势推出中国文化、抵达"中国梦"复兴的高峰，又能深入细致地分析中西文论的异质性与变异性，特别是对中西文论话语中的一些命题原理和范畴观念"该如何进行现代转换"的硬核难题，做出了客观公正、科学合理的分析与论证。据此，不难看出，中国文论话语的"重建"主张立场态度与方法措施的并肩同行，其解决方案既格外青睐当今世界诗学的现代性立场，又充分重视中西文论精神的合理性融汇与贯通。这些宏观层面上的融贯之思不窠臼于中国传统文论的本土化话语范式，还对西方各种理论资源的合理吸收和现代转换进行了具体深入的思考，倘若能在由外向里、以点带面的中西文论对话精神及内容的系统研究中深入下去，世界诗学"转换重建"的基本思路与方向目标估计才会真正踏入进程、取得实质性的突破。（王攸欣，1999：93）

此外，还有一个问题值得一提，以古汉语为表征形式的中国古代文论，在话语表达的言说方式和思维范式上，与现代白话文和西方语言之间有着较大的差距和冲突，而对"语言互通"这一难题的攻克不是轻而易举就可以解决的，虽然目前的难度很大、研究成果也很不足，但这些问题并不能阻碍中国古代文论和西方当代文论的"转换与重建"，恰恰是文艺理论学术界进一步深入发掘当代世界诗学建构问题的又一新起点。或许，从了解中国传统文论话语、西方文论话语的构成质素入手，通过文化意蕴的具体对话来还原话语言说的思维功能，或能使古今中外文艺理论"转换重建"工作的可行性程度增大一些成功的概率。

第三章　中华美学域外传播视域中的文化自觉性与理论自信力

三、规划与运作

21世纪的信息时代与世界文化新格局加快了中西诗学相互渗透的节奏，从而形成了一种新型的互补结构。它们的互释互补与长期对话，就是一部中西文明的融通史。在这一崭新的时代，属于世界诗学的中国文论研究范式与论证思潮，在后现代语境的冲击下，也日益走上了民族文化复兴的发展进程。中西文论的比较研究，成就了21世纪人文学科研究要求平等和对话的时代潮流，因此也就成了中西比较文化和比较文明研究版图中的一大热点。这样一种新的热点领域和热点课题受到了国内外诸多学者的重新审视，便在这一领域之内，依凭不同的视角和方法取得了独具特色的引领性研究成果。可以说，这种比较研究的延续和创新已经拥有了相对丰富的创见性实践成就感，尤其是在今天学界热议的多视野、多角度研究氛围中，中西传统文论平等对话的现代空间转型问题仍然是当今研究的一个热点议题。周知，两种异质文化之间的平行比较基准研究，乃是中西文论比较研究的一项先决条件。从恰当而独特的"话语"层面入手，无疑是一种最切近文学理论思想概要的新角度。（牛宏宝 等，2001：270）因为中外文学理论的交流视阈是在言说与被言说的语境中存在的，以"话语理论"的表达方式、范畴体系为研究对象的诗学范型，是切中了文学理论整体面貌的硬核之处的，其概念与功效理应在文论研究中占据着非常重要的位置。

对任何一种文学理论的学习与了解，最先全面作用于研究者的就是这种文学理论的外在表达方式，即话语结构的组织范式。因而，只有先牢牢抓住文论内容外部轮廓的表达形式，方能把握住文学理论自身的那些还原性的东西，由此也才能够深入理解文论话语范式的基础性媒介载体——语言。（汪毓和，2005：72）无疑，任何一种话语范式的认识与理解，都必须借助于某一语言的特定思想形态而得以表达出来。同样，对某一文学理论的勾勒与建设，最终也要从文论思潮所依凭的语言形式着手，方能抓住世界诗学建构格局的根本原点。由此可知，这是理解文学理论的话语范式不得不做的分析工作，即首先进入话语范式的思维图式，再理解概念、确定范畴，并由此在概念形式所生成的理论语境里展开联系，进而生成理论体系的完整逻辑秩序。于此，这样一个范畴→范畴关系→范畴关系网路的支撑过程，从逻辑的层面上讲，即是理论体系的范畴网络关系问题。语言在思想逻辑与话语范式之间带来了某些限制，同时也架起了沟通的桥梁。因此，只有理解了外在形式及内在内容的逻辑关系，才有了进入到理论范畴的概念体系里、系统地整理关键思想的可能。加之，语言同思想建立起的内在对应关系，只有在诗学概念的理论语境里，被确定了特定的基本范畴的身份之后，方能滋生出诠释思想外在表现的系统性意义，而文论研究的根本目的就是为了能够条分缕析地生成话语范式的逻辑关系及其审视视野的特殊意义。这个最重要的切入视角，从当代针对文论内涵和比较意义的实际研究成果来看，的确是一个很值得拓展的研究领域。中国悠久的传统文论与文学艺术发展，历经数千年，不仅创造了一套具有独特致知方式和趣味标准的文论话语体系，而且还形成了一整套刻有民族文化印记的独特理论框架。同理，具有鲜明民族文化特色的西方文论也有自己的术语范畴和表达体系。这种体系和框架深深根植于各自区域和国别文化的"话语"土壤之中，具有丰富多彩的民族特征和心理文化烙痕。

在中国文论术语的现代化转型进程中，中西文论体系形态的显著差别在于：以哲学思想为基点的西方文论，热衷于构筑自己的体系脉络；而中国古代文论家们往往习惯于采用笺注式的学术传统方式，去"述而不作"（陶亚兵，2001：20）地阐述理论命题的精辟见解，如《诗品序》《文心雕龙》《原诗》这样系统的理论著作，多是随感而发的。究其原因，从中西文学发展的差异之思来看，中西文论的概念范

第三章　中华美学域外传播视域中的文化自觉性与理论自信力

畴不乏相通之处，但从中西文学发展的不同历史轨迹来看，中西文论的各自发展脉络均受到了不同国家、不同民族、不同历史时期的固有文学观念的影响和制约。在这一文学理论支点的根本属性问题上，西方的纯文学观念和中国的杂文学观念就莫衷一是、难以精准对接。中国文学的抒情文学传统，讲究"言志缘情"的话语系统特性，在以诗歌、散文为主体实践对象的中国文论体系中，形成了虚实、意境、风骨的"神韵与性灵"（肖朗，2000：149）。侧重于"模仿再现"叙事传统的西方文学，以真实、典型、内容、形式等为主体，在小说、戏剧的文论观念与体系中，形成了另一套话语系统，二者大相径庭。简单套用西方文论的输入系统，对中国文论的有关基本史料与独特内容进行裁剪，无论如何都是行不通的。那么，如何用西方文论观念的话语体系来表述中国古典文论的史料内容？如何在同一个逻辑层面上重新对接或置换世界诗学批评史学科建设的中西协调性？我们就必须在辨析、掌握中西两套文论话语的基础上，设法返身到中国古代文论史料的学习中去，构筑一个吸纳中西文论精华交流融合的世界诗学理论体系，重建中国当代文论的话语、引领当代中国文化的复兴思潮。

反思"五四"以来中国现当代文论体系的发展进程，我们不得不承认：西方文论思辨传统的大量引进，直接影响了中国文论的诗性感悟方式，这令中国古代文论的自我传统和言说能力从一开始就受到了"被搁置"的待遇，进而在新时期西方文论话语全面输入的情况下，失去了创造力。经过近一个世纪的发展，当今中国文论的基本形态力求对文学形式逻辑的概念范畴做出准确的定义和详细的论证，这一思维过程体现为从一个概念到另一个概念的连续不断的逻辑推理过程。在此文化背景下，全球化语境中的西方话语以暴风雨般的强劲势头几乎波及到了世界的每个角落，被西方文论大潮所淹没的中国文论的话语声音，希冀在与西方文论进行平等对话、重建世界诗学格局的同时，完成自己的理论追求与现代转换，并在全球化语境的改弦更张中

中西文论对话版图中的中华美学基因传承与当代表达研究

回归自我，为我们几千年来使用的传统术语"振臂一呼"。至此，重建中国当代文论话语形态的完整性与世界性，如今已成为中国文论界的"隆重话题"。西方文论中某某主义的话语方式，遮蔽了中国传统文论的思维形式，不免有隔靴搔痒之嫌，更无益于因地制宜地真正实现中西文论真正平等的对话和交流。今天，我们要在缤纷多彩的世界文学舞台上积极建设自己的当代话语体系，其关键所在就是要加强当代中国文化复兴思潮的自主创新意识，独立自主地开辟自己的话语权，只有这样，方可彰显中国自身的学术权威，使我们的"中国梦"真正参与到世界文论的交流和融通中去。

然而，建设当代中国自己的文论话语需要我们创造性地吸收中国传统文论的有益启示，通过自身的积极参与自主创新，按照现实需要找到当代中国表达自我的言说方式，同时还要针对当前世界范围内中西文论所共同面临的难题，对西方文论的某些概念思路或推论方式进行筛选、借鉴，有目的、有重点地发扬"拿来主义"的作风与优势。而这一借鉴、吸纳的过程，也正是古今中外文艺理论交融、对话的过程。中西文论的交融、对话、融会、共存，最终将服务于世界文坛和世界诗学的理论建设。我们将以中国古代文论的现实进展状况和理论前沿形态为根基，重新审视西方文论话语体系的内在肌理和阐释构架，然后再去明确寻找中西方文论话语的融合方向和互补优势，并从中开创出中国当代文论话语构建的新局面，给世界诗学的发展注入新的复兴活力和中国元素。（孙世哲，1990：150）当然，中国古代文论理论术语的现代阐释完成程度是否适合当下文学发展的需要，是否在具体的批评实践中具有普遍适用的意义，是否在与西方文论的精华部分进行融合和对话的过程中具有解读具体文本的广度和深度，不仅要看其在理论上的世界性属性问题，更要看其在实践中得到验证的深入程度问题。毕竟，实践出真知，理论的建设还是用来指导实践的。这也正是我们所要做的。通过具体的批评实践、拥有一整套属于自己的文论体系和话语方式，使其在对本土文本和外来文本的解读中蓄积资本、得到历练，我们才能为中国当代文论话语的重建储备能量、觅得生机。

为了达成此目标，很显然，当代中国文化复兴思潮对传统文论的继承和开拓无疑是"重建"的重心所在。中国当代文论话语的重建尽管还只是刚刚起步，但我们有理由相信：我们更需要从华夏文明悠久的文化传统中寻求、发现其"活的"话语生成方式与学术运作机制，完善自身、提高自身，才能继承、借鉴中外文论话语空间构造的合理因子，进而更加合理地悟出中西方文论话语的异质文化在世界文化中的独立价值和不可互相替代的地位，独具特色地以一棵"常青之树"的姿态（邢建昌、姜文振，2001：93）屹立于世界文论之林。从这条路径出发，我们不但可以在中西异质文化生成与运作规律的比较中，探本求源地理清中国古代文论的范畴群及其文化架构，还能从话语解读方式和意义生成方式等学术规制方面清理出中西文论与话语系统的基本生成机制和文化发展规律，具有明显的可操作性，因而，是一条符合中西方文论学术运作规则和国别文化基本生成规律的切实可行的路径。

第三节 中华美学的文化基因传承与当代表达方式

近年来，文论界出现了讨论世界诗学"中国美学经验"的趋势，而对中华美学文论经验的文化基因与当代表达方式则讨论不足。中华美学的文论经验及其表述成果，其实践方面的内涵感受是丰富的，在专业性上呈现出学术体系立体贯通的纵深态势。它的文学本体性，有益于推动文论的对象性前提、超越学科化的局限视野，建构出一种更整体宏深的知识意识，以此寻获社会生存经验的精神归宿和内心深处的时代脉搏。所有的美学文论经验从生存性而言，是有机结合在一起的重要文化根据，具有更强的现实意义，能更敏锐地共同指向中华美学"通""近""诚"（阎国忠，2001：35）之超越性精神。

一、从内涵构成到价值取向

近年来，中华美学在文论领域的学术文化自信力逐渐增强，而新近的一个趋势是对"中国文论经验"话语权学术热点问题的探讨。这样的文化自主权探讨，本身就拓展了包括"中华美学文化基因"在内的中国文论研究的"经验路径"问题，但问题的关键在于：中国文论经验的美学文化基因何以延续下去？它的诗学内涵和价值取向，能为今天的中国文论国际化拓展研究提供哪些启示？这对于中西文论融会贯通视阈下的当代美学建设范畴而言，无疑提供了一个自主、连续的初步思路。

中国美学的经验问题，已经有不少学者做了关于"中国式文论经验"的深入探讨。当代美学的中国经验，是从中国文论话语体系构建中的历史情境与批评实践出发，对当代中国的文学实际和理论张力所进行的一次具有中国特色的回归型阐释，比如马克思主义文论的中国化、西方文论的中国化等文学批评导向议题，都不约而同地将中国文论经验的解释能力，指向直面现实的历史经验路径问题。另外，中国美学的反思性和自觉性"经验"，也有一定的限度，其宏观性的内容表述，深入拓展了世界文论研究的复杂性和丰富性。因此，集中于文论经验自身的探讨方向问题，也就从中华美学的内在机制转向了中国文论的当代表达上，这二者之间的有效沟通与内在联系，也为中国当代文论经验的具体落实提供了某种文化性的推进与参考。显然，中华美学的内涵构成与价值取向议题，说到底研究的还是中国文论发展方向的实践性和社会性问题。那么，何谓中华美学的价值取向呢？现实

第三章 中华美学域外传播视域中的文化自觉性与理论自信力

需要中的"价值取向"并不是一个专业术语,而是一个生活词语的经验术语,引申来说,是经验主体在实践过程中,由一系列感觉、感受所得来的知识或技能,是内与外的升华和统一。(杨河、邓安庆,2002:147)我们经常提及的经验丰富,就在于感知敏锐、内化深邃、方法独特、成果质量,四位一体、缺一不可。结合中华美学的文论实际,所谓的中国经验,就是中国文论家从审美主体的感受经验出发,以文论话语实践过程中的审美经验为参照,对文学艺术的经验方法和本质规律进行的一系列的经验性感悟和成果表述,其对个体文论学案的偏重,与研究对象的经验梳理有着更为多样、密切的演绎联系,而并非纯粹理论上的归纳与总结。由此而言,中华美学的文论内涵经验是复杂的,价值取向维度是贯通纵深的。当然,中华美学的文论经验并不限于此。

首先,值得一提的是,中华美学的文论经验中,最主要的专业经验就是兼顾历史性与创新性的文论甄别标准问题,比如:关于文论整理的分类问题,就是一种专业经验。就其学术拓展性而言,文论的高下、正误、经典等甄别问题,均涉及到其自身价值认定的"适用性"问题。这种是非经典之分的价值认定问题,在中外文论研究界的诸多论述中,表现也最为突出。毕竟,文论的学术经验还与社会知识形态的启发性密切相关。在形式上,中华美学脱胎于偏重于知识性的"文学概论"。在实质上,它是对文学理论方法论的概要式分解。后来,随着西方当代文学批评理论流派与方法论的大量输入,作为概论式的中国当代文论谱系,才出现了鼓励开拓新知、增强文论知识生产活力的问题意识倾向。这一百家争鸣、百花齐放的流派化局面,关涉文论学术经验的逻辑自洽性问题。但从实际情况来看,中华美学的文论经验和思路方法,侧重于处理中西古今文论及其与社会历史感的现实关系,特别强调逻辑深度和学术成就。毕竟,文论的美学体验联系着文论知识总体的实践经验,且发挥着重要作用。对中华美学的人文性而言，文学的创作与批评并非置身于文论的真空之中。如果我们将文学的阅读经验语境化、自觉化，审美意识、人生感悟的潜意识影响，能够更加潜移默化地对文学理论的实践力增添灵敏度和诗意。这种文学感兴的生产意识，就是美学文心的前理解和感悟力。

中华美学的哲性之思，擅长于提升文论的哲学史经验和价值观品格。它对哲学问题和文学的思考，在一定程度上也是对文论形上经验的一种思想提炼，因而也更具备科学的深度。在此意义上，中华美学的哲学经验导向，比如"诗言志""文道"等世界观的话语提法，可能更多地会与中国传统哲学的"道"的方法论结合在一起，旨在对文论学术经验的体系性进行更加系统、全面的梳理与探讨。因此，文学与哲学是须臾不离的。中华美学的哲学经验更加偏重于文学哲学的本体论和价值论，即关注什么是"文学理论学"的目的论问题。这些元文学学的哲学内涵也有类似的场域论体现，内容均涉及文学与人生价值、文学与世界形态的元理论学术经验。在此意义上，中华美学的文论哲学经验本身就是文学总体维度的形而上逻辑经验。从文学理论的历史发展轨迹来看，中国文论的儒学功底和佛学素养本身就具有专业的哲学内涵；但从哲学资源的存在基础来看，中华美学的当代文论素养集中于中国化哲学实践的专业经验与文学经验身上，而非哲学知识的本源问题。这样的哲学素养是中国当代文论的优势，其对文学艺术的思考必然促进文论哲学经验的整体性和超越性。（杨平，2000：103）

从知识性质的内在性来说，中华美学的文论属性对文学艺术自身的哲学经验还有一层更深厚的看法，那就是一种破除二元对立的哲学式思考。20世纪以来，文论的哲学经验，有着自己一整套的、全面透彻的关于人文与社会的思考。在这种丰富深厚的哲思思考中，文论的深浅高下不止于哲学经验的真实感触，也有重大的社会现实作用的参与成分。也就是说，中华美学的文论成就，必须要放置在跨学科层

第三章　中华美学域外传播视域中的文化自觉性与理论自信力

面的哲学高度，才能获得世界诗学界的回响。今天，中西文论层面的对话，实际上也是属于一次哲学高度上的对话。可以说，文学艺术对人类生存的整体性及其对总体文化世界的理解，对于扭转文论哲学经验在当代历史链条中的存在化倾向是有帮助的。毕竟，文学艺术在整个世界知识话语层面当中的位置，实际上并没有脱离社会的生存经验。这种跨学科式的综合考量的专业视角，还着眼于个体对社会体验的把握程度，是融入了历人世、历世事的自身型感觉体验的。因此，中华美学的社会生存经验是纷繁复杂的，是关涉到各种社会生存境况的一种全球化、信息化的学科知识体系。那么，将这些文化经验、生存经验与文论的思考联系在一起，是否能给世界诗学的知识生产带来正能量的积极影响力呢？答案自然是肯定的。

其实，从更深层次的问题意识来说，中华美学的生存场景是中国古典文论概念增生的某种独特源头，二者间的超时空联系在人文学科框架的学案个体研究中，促发了中西文论的对话方向转向了更加社会化的文化领域版图，并在很大程度上引发了世界诗学文论体系的思想转向和价值转移。周知，文论的能动性与创造性很强，文论家的社会经验也必须由百家争鸣的时代性来把握。从知识到知识，从概念到概念的思想范式，新则新矣，总能帮助文论产生敏锐感知整个世界的意识，进而在地域诗学、性别诗学、话语诗学的学术领地发掘出一个又一个的新问题。（杨念群 等，2003：152）在这方面，中华美学的社会经验灵敏度，就有一种接触大自然、深入生活的"写生"意识，时刻都在关注着个体生命的情感思想与情绪变化，而不是固化在文论概念的符号中。这种社会生存经验的心学思潮，就是文论的审美活动对原有理论经验的穿越与突破。这种独属于个人精神性的生命文化经验，实际上就是一种生命性与文化性的合一，能够超时空地升华生命本身的价值与意义，以个体性的思考切身、切己地进入"天人合一"的高妙境界。

中西文论对话版图中的中华美学基因传承与当代表达研究

中华美学的终极价值究竟是为何而存在的？与中西文论的关系如何？概言之，这些超越于学科之上、世俗之上的形而上追问问题，都关乎儒家道统、文脉赓续的承继与发扬，是一种空前的历史文化精神史的文化生命思考议题。中华美学的生命经验，使得中西文论的对话版图处于古往今来同一文化共同体的意义联系之上，探寻着人类与文化、命运与价值的研究对象问题。在此意义上，美学何为、文论何为、人文何为的学术问题，就是生命个体思考的精神引领问题。（张辉，1999：121）这种生命化的文化共同体意识，使得中国文论的文化精神具有更强的自觉性和感受性，是一种与中国文化史、精神史、思想史的文化脉络处于同一历史情境之中的"立命"意识，而这或许正是中国文论经验的最终目的与拓展价值。

其一，中华美学的文论经验彰显了"学、志、问、思"融会贯通的精神。同样，文论的学科世界也强调知识与社会的整合性，强调文学对现实性和本己性的侧重程度。这是世界诗学知识建构的必然要求，既关乎社会，也关乎文化，是知行合一的活生生的知识建构。中华美学的"通"，有着悠久的文化血脉起源，它的文论精神有益于中西文化与古今历史的整合。（爱德华·霍尔，1988：76；译者何延安等）其二，中华美学的"近思性"也是一种"亲近"文学的渐进精神。这一近"文学"之文、近"哲学"之道、近"社会"之时、近"文化"之命的循序之态，才是中国文论自身经验的"活水源头"。（周锡山，1992：47）其三，中华美学强调经验的内在性和生命的本源性，彰显了"格物、致知、诚意、正心"的精神，这恰恰也是中国文论经验的本质规定性所揭示的"亲身经历、感同身受"的心理本体依据。（爱德华·霍尔，1991：25；译者刘建荣）由是观之，中华美学知识本源的"融通""切近""内在"之精神，也是世界诗学学术话语建设安身立命之所在，其主体精神境界的高远指向，不仅是中国文论经验知识生产的重要依据，更是世界文论学科理论创新化的内在定力。这一美学精神的摄入与储备，对中西文论互通对话、互学互鉴的发展有着重要的价值内化和引领作用。

二、从审美自律到文化启蒙

世界诗学的学科建设与学术研究，必须以现有的科学理论和人文方法为基础，否则亦为无源之水，终将一事无成。然而，中华美学的古典文论资源，价值厚重、理论深邃，理应为中外文化的交流与促进提供中国方案。迄今，文学的创新性研究也发出了倡导文化多元化和世界多极化的声音。那么，"中学为体，西学为用"（爱德华·萨义德，1999：100；译者王宇根）的科学原则，不仅能汇通中外、学贯中西，还能为世界诗学的构建贡献中华美学的特色智慧和优秀思想，从而获得在世界文学研究交流平台中的自信地位和文论话语权。众所周知，中华美学积淀深厚、博大精深，且历史又源远流长，而西方文论的研究体系中也不乏中国文论经验的美学质素。据此，不难看出，在全球经济、文化一体化的高效时代，中国的文学成果和中华美学的文论精髓能流传域外，展现强国自信的国家形象态势，其间所折射出的中华优秀传统文化底蕴和思想文化精神，有着重要的现实意义。尤其在当今，"以人为本，关爱生命"的中华美学经典文论，于全世界文艺批评的人文伦理实践以及人文诗学精神的构建而言，亦能提供多元分析的方法论和能动睿智的正面影响效应。

"中华美学的基因传承"这个课题研究，思想体系比较庞大，亦是世界诗学构建乃至人类文化进步所不得不应对的问题。辩证地来看，中国古典文论的思想资源，有层次，有思路，有方法，亦能构成中外文艺互相补充、互相阐发的一个文理脉络。然则，兼容并蓄、吸取中外古今之文明精粹的中西"诗学"，在中西文论交流之初，着实孕育于差别分明的中西文明根基之上。所谓的广义上的"诗学"学问，是关乎文学理论全部内在组织规律的通称。中国"诗学"的自我定位应当审慎思考，以"古为今用，中西结合"为交流意旨，努力挖掘优秀传统经典的可贵之处，远播中华美学的文论话语权。然而，理论阐释与文本分析的有机结合，也须因文学研究实践过程中的研究个体、研究对象而异。中华美学的文学研究环境和交叉性指导力，在庞大繁杂的文学理论发展中若不能启发本学科研究的本体意义，不能给其他学科的理论归纳提供启迪与指点，那么，该文学理论的研究是否还有普世价值？

客观说来，中西文论的平等交流，在当下世界诗学的构建蓝图中有着诸多丰富、复杂的本体意义，其间关涉到哲学、社会、历史和文化层面的现实关切和身份认同问题。文学理论自身亦需蜕变，才能顺势而为，以顺应日新月异的社会文化"大转型"。而中华美学的内在理论价值，便可因其深刻性率先整理出属于自己的诗学话语，古为今用、推陈出新，为中国古典文论的"重振旗鼓"探寻出路。目前，中国文论重塑话语权的机遇期为推进"讲好中国故事，传播中国好声音"的文化战略，中华美学学术原则与文论条例的异质性研究策略，意欲达成"以我为主""为我所用"的中西文论平等对话机制。事实上，不管中西文论如何进行比较，世界诗学的学术主体地位都或多或少需要对中国传统文论的异质性问题进行内容上的调整。至此，珍惜中华美学传统文论的独特性和经典性，在异质文论有区别的前提下寻找"自我的身份定位"（郑元诸，2003：129），彼此交流、互相了解，方能在中西方文论对话时取得长足进展，客观精准地提升国家文化软实力。

此外，实质上，中华美学古典文论"古为今用"的实际运用主张，关键核心在于一个彰显现代生命力的"用"字。反观周遭，需明确，中国古代经典文论精髓的"古为今用"并非原样照搬、故步自封，而是理论联系现实的承继与发展，尤其是古今文论的转换与融

第三章　中华美学域外传播视域中的文化自觉性与理论自信力

会，必须以当今现代世界诗学文论的适用准则为践诺依据。中华美学的文论价值深奥精微，经历了几千年的演化与改良，极具智慧。但现实问题是，中国古代经典文论在中西方文论不断借鉴、对话的进程中却一再出现"失语"的状态，也未能以"现代转化"的姿态加入到现当代文学与文论的对话之中，实属遗憾。如今，中西方文论对话研究的交流度越来越高，其间的异质性、普适性和现代性的认知法则，在不同文学和异域文化之间的交流过程中也日益走向融合。因此，中华美学与古代文论自身的发展定位之路分外紧要。

中华美学是中国古代文论精粹的集大成者，其深层内涵与视野广阔度皆可圈可点，与世界文学理论的批评史脉络有"心理攸同"的通约之处，是世界文论叙事话语的构成因素。但目前来看，从"以外化内"到"以内化外"，再从"以内化外"到"中西交汇"，中西文论对话交流之初的诗学模式转型路径探究，既是试验，亦是转机。除了将反映中国审美追求、弘扬当代中国价值观念的中国优秀文论付诸"实践出真知"的世界文学实践之外，我们还应将中华文明的"根"守好，在"本土之玉与他山之石"相互阐释的共同学习视域下，超越自我、平等交流。

回归中华美学的文论实践，落实到"化西"的融合行动中，重新树立中国文论审美自律话语的有效策略之一，就是把西方文论的话语原则与中国传统文论的特色话语相联结。唯有秉持"西方文论中国化"的融通准则，中华美学学术话语的文论模式方能走出"中国文论失语"的文化窘境，进而得到提升和发扬。中华美学的文论话语建构，缘何须有取舍、有意识地转化和吸取西方文论？这恐怕与中国文论现代价值的话语权重塑需要密切相关。中华美学的生存表达和核心价值，需置于世界诗学的文化语境、文学经验中来加以检验。从世界诗学文论践行中的客观现实出发，中华美学的转化和变革，首先应从中西文论异质性的根基上打通。（道格拉斯·凯尔纳，2008：124；译

97

中西文论对话版图中的中华美学基因传承与当代表达研究

者游建荣)更为重要的是,此举的"内化"实践,需持续在西方文论的阐明过程中赋予其中国文论的民族特质,以疏解其疑难、完备其经验,从而使西方文论的观点内涵变成中国文论话语体系的某个组成部分。鉴于此,中国的文论建设有意识地把人文社科领域中的中国问题带到全球世界中去,尝试着与西方理论界展开一次"百年未有之大变局"的对话,并取得了重大进展。这一将问题的疑难杂症置于"世界中的中国和西方"维度之上的讨论模式,具有一种主体性建构的中国式范式意义,开启了当代中华美学话语体系新论拓展的研究路径。

中西方文论对话交流的平台究竟是什么样子的?现在,我们仍没有办法绕开西方经验的思想体系,来解答人类所有的人文问题。反之,倘若用中华美学的理论框架来还原一切社会与历史的真相,显然也是不可能的。当然,西方的社会知识与人文理论实际上都出自特殊的地理空间和具体的历史经验,都饱含有特定的中华美学的历史思路和文论成分。所以,从这个意义上讲,借镜西方文论之话语,议现代启蒙思想语境中的中华美学之问题,世界诗学的构建之门才能用译介开路,开辟出另一个广阔的思想空间。这个问题是一个关涉思想变迁的内在问题,也是一个内在于"自我与他者"之间的互为镜鉴的问题。换句话而言,我们要用"世界的中国"(China of the World)(鲍姆伽通,2006:102;译者李醒尘)的这种语言表达法,来强调中国文明的华夏中心论在观念上、思想上对"天下大一统"宇宙秩序的侧重与偏爱。因此,我们希望从一个全新的思想史的角度来把握中华美学在世界天地间的意义。这个问题既是世界的,又是中国的。

其实,众所周知,文艺理论的时空局限性和现世普适性在一定程度上只是一个无解的悖论,并无东西方之分。中华美学在世界文论建设的格局中彰显出一种理论原创性的范式意义,所发挥的审美自律力是非常强大的。在中国文论与西方进行学术交往、互传互鉴的过程中,"怎样把中华美学带到世界诗学的全球问题里去"的问题意识,

第三章 中华美学域外传播视域中的文化自觉性与理论自信力

正在悄然发生着某种"心态"上的变化——一种与之在知识上、价值上以及发展上的平等对话的心态。但是，现实中不平等的对话现象其实是非常普遍的。那么，面对这一文化窘境，"中学如何西传"的学术外译态度就需要表现出来了。特别是五四新文化运动之后，中国思想文化学术所呈现的自主性范式，在一定程度上已经超越了简易的"西化-改造"模式。实际上，在这一"对话"实践中，我们在接受西方理论的同时也开始有选择性地走出了一条"化西"的道路。例如，中国的美学研究特别重视"情本体"（章启群，2005：39）的文化情感命题，受德国古典理论这类形而上的问题影响很深。其中，关注"艺术的本质"的美学研究内容，就是马克思主义中国化的一个重要路径和方法命题。显然，意识形态再现和情感美学的问题，不仅仅是个学术思想的问题，也跟现实中的民族形式密切相关。

归根结底，中国古代传统文论中的纯粹情感元素，颇具中国作风和中国气派，跟西方马克思主义文论流派的核心关注问题（情感、感性、欲望、身体政治等）有着密切的渊源。这些美学理论中的思维逻辑，都很贴近个体生命的感性欲望和情绪要素。（柏拉图，2003：142；译者王晓朝）相比而言，中华美学中的"情动"概念，被译成"感觉"（feeling）或"情感"（emotion）的现代表征式词汇，可能会增添许多本能的、直觉的、理性的成分。这也为我们中华美学基因的当代表达研究提供了一个修辞格上的新视角。平心而论，这么多年以来，中国文艺理论界的历史脉络，始终无法绕开中华美学的逻辑与论述，尤其是反映论和本质论的思想历程回顾，更是没法绕开中国古典文论的思想史分析。那么，做这样的分析，是否有助于我们向西方世界解释中华美学遗产的初衷与概念呢？至此，我们不妨反问一下我们自己：近现代西方经典文论流派的中介和解读是何时开始才进入中国学者的研究视野的？中国人是从什么时候开始才对西方思想史上赫赫有名的大家（如黑格尔、斯宾诺莎、阿奎那等）产生兴趣的？所以，我们要想让西方人了解中华美学的视野和语境，就要去阐发一些能够引发国际学术共同体共同关注的问题。这样才能激发中西学者展开对话与讨论，和而不同地理解异域文化及文论的多样性。同时，向全世界大力宣扬中华美学的文论知识英华，重塑中国古典文论的话语架构和学术体例。

由是观之，西方文学理论的观念体系，从表达手段的语言基础上来看，不可避免地潜藏着西方文化逻辑的焦点视角。这一点从根蒂上而言，与中国文论传统之体的文化根基是迥异的。要而言之，中华美学的传统文化根基，唯有在坚持不懈地自我革新中回归民族精神之精髓，并能为现代所用，方可在平等交流中彰显中国文论话语的优势。一言以蔽之，理论仍在百折不挠、探索发展的途中。世界诗学的百年构建方才发轫，必须要有中华美学古典文论的参与，才能立于不败之地！

三、从语义溯源到当代旨归

"文以载道"的重要命题，在中华美学古代文论的批评视野中是一种颇具"自我调适性"（鲍姆加登，1998：122；译者缪灵珠）的文学观念。从语义溯源的梳理角度出发，"文"与"道"的规范性关系，既有对艺术审美的追求，又有文化内涵上的双重框范。可见，在全球化视野下，"文以载道"这个古代文论命题的现代转换，应融汇当下"道"的精神内涵，继而才能保持民族特色、指导中西比较文学与世界文学的发展和建设。毋庸置疑，西方文论对中国文学创作批评的适用性调整问题，正在走向一个全新的"回归与寻找"的时期。这种适用程度的调整步伐，主要表象建立在两个层面上：一是中国的文化和华夏的文明；二是中国文论本身。（宗白华，1994：128）众所周知，"世界-作品-艺术家-欣赏者"的文学四要素，在世界文明史上是一个独特的存在。中国文化的连续性以及华夏文明的兼容性，相对于其他异域文化的文学观念而言，孕育了一个稳定的伦理类型的中国式生存系统。这种文化系统，作为一种深层社会组织结构的文化基因传统，直到今天，仍然在参与着、影响着和制约着我们的文化建设，进而形成了"文学是道，道以求善为美"的极富中国特色的文学观念语词。这一"以求美为准"（王镛，1998：90）的艺术精神，既能表征中华美学古代文论的核心生命力，又能与西方文论相对接，重置中国古典文论语词文库的当代价值，极具代表性的解释性概念。

（一）"文"之明道

"文以载道"，是中国古代文学的一个传统语词，与中华美学古典文论中"言志说""缘情说"的提法一脉相承。这种文学观念的核心价值，深入讨论了"文"与"道"的原则关系，深刻影响了文学载体的"文言"表达模式，亦成为中国文论从古代向现代转换的一大关键词。对此，五四新文化运动的批判对象便指向改良后的文学观念和文学语言，并一再明确："文以载道"的内涵接近等同于"代圣贤立言"的声音，与"言之有物"的情感思想有着根本的区别。（王德胜，2006：198）于是，实现思想启蒙的中国白话文学最终实现了质的飞跃。这种从文学语言入手的执行论调，通过对中国传统文学观念的集中反思，总是自觉不自觉地在具体的文学实践中，把文学当作彰显时代精神的"思想革命"话筒，以传播现实中的"人"的声音。

另一方面，"文学是人学"（蔡仲德，2004：21）的经典理论落实到文学实践中，一直都在延续着文学研究关于人性、人道、人情和共同美等诸多问题的探讨。其间，纵观每一段新时期的文学现象历程，似乎都未逃离过"文以载道"的精神宿命。一次次生生不息的文学实践，在文艺理论观念已取得完全独立地位的今天，为什么还要为

"道"代言？为圣贤"立言"呢？事实上，这种理论观点的文化传统考察，应该回到中华美学产生的语词环境以及社会体制中去。毕竟，"文"的生命力仅是"道"的传播工具。然而，中国古典文论的产生和发展，从一开始就有着与西方文学观念完全不同的实践路径。它的批评标准和强劲生命力，恰恰与中国传统文化的社会制度有着极其相吻合的自适性。（杜卫涛，2004：55）至此，不难看出，该文学命题的理论张力，在中西世界文论的版图规划中，也是生生不息、与时俱进的。

（二）"文"之时义

中华美学的文论体系，因文化背景不同，其有关文学批评的术语内涵也会有这样抑或是那样的差异。这里，可以看出：在中国文学理论的观念中，尤其是针对中国古代文论的语词之古意义而言，"文"的语义溯源及其内涵，与"道"的内在关系其实是一个很大的"文学"概念问题。因此，关于"文"的本义探源，还要根据"文采"或"文饰"等引申义的特点，到中国古籍文献的阐释中去追寻。至此，可见："文"的原始意义直指文辞，当为"文身之纹"的古文字共识。其实，从"文"字形的后起义习惯来看，"文"的原义可有三种推测：（1）在古代，文即"文身"的原始社会风俗；（2）古金文中的"文"字字形，疑象"文饰"的佩饰形文；（3）"文"字即"文雅"而立的姿态，象温文尔雅的人。（姚全兴，1989：175）

在我国原始社会的新石器时代，文身和文面的形象习俗，与最早、最直接的原始图腾信仰密切相关，是一种带有强烈种族社会意义的身体修饰标志。从这个种族图腾的证据角度而言，"文身"的约定俗成式原意，由社会行为的规范性而来，先天就具有图腾崇拜的"文"和装扮目的的"饰"两层意蕴。这种由图腾观念决定的"文

第三章　中华美学域外传播视域中的文化自觉性与理论自信力

饰"规定性，使中华美学的古典文化内涵（即审美性）从一开始就表现出某种强烈的社会政治意味和道德伦理倾向，其颜色、线条、大小、图案等修饰因素的造型和配合，都以不可更改的规范性法则进入到了"美"的范畴。（吴予敏，2001：77）显然，所谓"色——无文"中的"文"，已具有外观表现修饰的意思，正是对"审美性"这一感官特征的概括。由此可见，"文以饰意"（袁济，2006：47）的文论术语，作为一个中华美学的原始语词，从其发轫之初起，便先天性地具有社会规范性与习俗审美性的双重内涵。这里，可以说，中国文论以"文"命名的"美则美矣"的美学规范，既包含有一种文采绚烂的理想艺术精神，也呈现出一种规范性与审美性不可分割的存在秩序。

众所周知，中国古代周代社会文化的表意系统多彩有法、富丽有序，一向以"礼乐"而著称于世。这种靠礼教建立起来的规范化秩序，直接影响了其对"文"这一语词根源的命名意义。这种文化上的行为艺术来自"依类言其规范，象形言其美饰"的"文采"制度，可以说是兼具道德与审美的双重和谐属性，既内修文德，又外崇礼乐。正是在这个规范性与审美性高度统一的意义上，中国最早的典籍才不约而同地以"文"命名，常冠以"文"来称谓专擅文学研究的古典文献。这里的文献、文学概念当然不是一种颇具规范性质的高度评定，而是一种关乎艺术作品伦理品格和审美水准的"所行之道"。其意思是说中国古典文论关于"文"的解释，已经先验地把这一语词的象征规范引申为"规律""方法"的秩序感（即"道"）。（王敏泽，1987：83）那么，在这一规范性语境之下产生的"文/道"关系，使"文"的规范性与审美性必须承载对象征秩序和规律的"道"的传播宿命。这种与生俱来的内在要求，整体上影响了中国古代文论"文以载道"的历史轨迹，中华美学的开山纲领"诗言志""诗缘情"也自不待言。可见，即使是诗歌创作的情感抒发也需遵从一个"雅"字，有限度、有节制地将"缘情"的文化动因限定在"礼义"所限的深层心理期许里。况且,这也是我们中国人在探讨"文以载道"之规范性与审美性的诗学命题时,所必须厘清的一个理论语境。因此,"文之所存,道亦存焉"(陶亚兵,1994:13)的包含关系蕴含着一个民族所有的生活经验,反映了一个民族所有的社会文化特征。这种规范性的关系秩序,与中国古代传统儒家的道统思想如出一辙。

(三)"文"之当下

五四新文化运动时期,民主和科学意识的启蒙之音正隆。在这种文气方盛的情况下,"文以载道"的理念和价值主张以一种最彻底的解读之态,去重新诠释古今文化、中西文论之间的关系。至此,我们对待中国古代文论"文以载道"命题的研究思路,应该是一种较为积极合理且能够表征当代意义的践行方式。当然,"中华美学古代文论的现代转换与价值重估"议题常被中外文艺理论的学术界提起,不过,相关成就仍有待深入。"文""道"关系的重估问题,亦应如此。

首先,中华美学古典文论的庞大文化根基产生于中国古代社会,是建立在几千年中国传统文化血脉赓续的基础之上的。"诗中有志,文中有道"(陈良运,2005:172)的文学伦理面貌,从诞生之初始,便始终与"道"的艺术面貌不可分离、相伴相生。据前文分析可知,这种相伴相生的内在核心关系,不仅能依据文学艺术的独立价值做出简单的推理,还能将中国文化传统对"道"的内涵认识衍变成一种价值定位的文学使命。这其中既有宇宙规律的存在之"道",又有"为天地立心,为生民立命"的人本之"道"(聂振斌,2004:89)。这一重现世、重伦理、重群体、重政教的高蹈情怀,自有中华民族文化传统的诗性特质,对中国古代文论的话语构建有着非常重要的启示意义。细化到中华美学文脉传承的这个命题上,它的普世价值应该是建立在对中国传统文化之精华所在的现代转化上，而不是唯工具化倾向的价值观念上。如此，才能使中华美学的古代文论命题科学合理地以"文"载之、以"文"明之，并真诚坚定地彰显出中华民族最深层的精神追求和独特精神标识。毕竟，中华美学的古代学术思考是以对人性真实的经典阐释而进行的。通过对"经典"的重新阐释，融合礼乐精神、教化精神、民间精神和时代精神，进而实现民族理想的升华，是我们学术阵地的一个古老传统思路。这种思路在我们对待世界诗学、世界文学体系的创建任务时，是不是一个有益的借鉴呢？以"诗学"为例，中国文论的独立品性，是否会因当下"道之不存"的束缚与逼仄而变得日益"碎片化""网络化""娱乐化"呢？这是非常值得深思的一个问题。

"文以载道"的语义溯源命题，能够代表中国古典文论核心观念的开放性和灵活性。"文"这一语词的"规范性"与"审美性"的双重属性，使"道"的自我调适性能在"文"的面前更好地适应着心灵书写的辞藻追求，而不至于堕入脱离现实生活、耳提面命式的说教形式之中。（杨平，2002：152）至此，我们应该将"文以载道"的诗性优良传统推陈出新，充分承续中国传统文化的民族特色和价值目标。在构建全人类命运共同体的全球化背景下，秉持中华美学现代文化精神的传达和弘扬之"道"，慢慢找回中国传统文论的价值取向和话语转向之路。当代世界诗学文论体系的建构目标与任务，任重而道远。但值得一提的是，在文艺理论批评实践中，以传统文论为底色的当代中华美学新体系，已融入中西文论对话交流的版图之中。此一"返本归祖"的中国文论体系，是一个以建构世界文论共同体为旨归的自足体系，其中国智慧的源头、中国话语的根基，亦能为世界文学理论及实际文学批评的共同体组成部分贡献中国方案、解决难题。可见，我们所要建构的世界诗学体系，与中华美学传统文论的传承，心心相印、密不可分。

中华美学的传统文论"体大虑周",饱含有中西文学共有的普遍规律和普世内容,且具有鲜明的民族特色。中国传统文论的人文精神和当代价值的现代转换之路,在恢复民族文化自信、重塑世界文论共同体的深入努力中势必能够发挥余热,占有一席之地。

第四章　中华美学人文学术话语权的反思与建构

中华美学的古代文论思维方式，是一种泛化的"诗化"思维模式，其抽象的逻辑性走向，极其重视事物整体的关联度和统一性。这种思维直觉感超越了经验描述的隐蔽性，因此就导致了中国文论话语空间的开阔性、深幽性和高妙性。与此不同的是，西方文论话语的思维方式强调以逻辑分析的推理规律为主导，习惯于遵守"去象问质"（艾尔曼，1998：104；译者赵刚）的追问过程来推导出实质和真相的结论，具有密实性、确定性和聚合性。当然，这并不能在中西文论对话的版图中间划出一条非此即彼的沟壑，也无法证明中华美学的文论话语空间就没有严密性的特质，西方文论话语空间也毫无深幽、高妙的诗学特点可言。这里，就实际情形而言，只是从西方文论向中国古典文论混整思维日趋靠拢的主导倾向上来看，中西两种文论话语空间的总体建构特色确是存在迥然不同的一面，这是无法规避的事实存在。

第一节　诗性思维的求真底蕴

中华美学古典文论话语的诗化思维根基，决定了它的广义文化体裁的原生态特性。这种独特性延伸到众多弹性的文化层面，使得文论话语与多种文化因素建立了广泛的整体联系，其关联度又与中国古代的文学话语同体伴生，这无疑更扩大了中国传统的儒、道、释哲学思想的空间维度，更制造了"玄""空""虚"色彩的注入感。尤为明显的是，中国语言文字本身的直觉性形象构造法，能够从最基本的思维层面上制导着古代文论话语空间结构的开阔性和开放性。而西方文论的科学文化精神和理性求证的逻辑本质，同样也根本性地决定了西方文论密实、严谨的话语风格，即使是为了表现其消解"逻各斯中心主义"、力求绝对真理的意图及合理性，西方语言句子结构的紧凑性也规约着西方文论话语的严密性。（张本楠，1992：120）

一、深幽朦胧的体悟意会

中华美学的中国古代文论话语是一种"诗性"四溢的话语。诗性，当属文学的特性，具有"天然的文学性"（郑工，2002：56）特征，只有将"批评"与"文学"二者合一才是文论的整体性世界。但在西方文论的诗学体系中，文学是文学，批评是批评，二者不可兼容。这与中国古代文论的话语意会有着根本的差别。正是因为中华美学与"文学""文论"的同体同生性，才造就了中国文论话语的涵纳气魄。而中国传统文化的"散点透视"思维特点又使中华美学的理论型话语因之而变得虚渺充盈、深幽阔大。它的文论活动空间，要求读者从一个动态的、不确定的"象""言"空间之中，去体悟那些深幽朦胧、难以言尽的类比的东西，甚至于要从诸多立体交错的广泛关系网中，去领悟意会"诗性存在"的生机活力。仅就那些产生在不同时期的相对稳定的古典文论系列术语来说，"风骨"一词的包容性空间就是由文本内容和言辞布局间的多种联系性所规定的。可见，在某种意义上看，"是以怊怅述情，必始乎风；沉吟铺辞，莫先于骨"（叶嘉莹，1997：23）的情志气质，也可看作是文学作品的某种"文气"个

第四章 中华美学人文学术话语权的反思与建构

性，多释为作品文辞的内在力量与凝重之气。据此，不难发现，中华美学"空间虚空"的概念阐释，给读者提供了思维回旋、极为空濛的宽广余地。它所能开辟的话语空间具有较大的涵盖性，其间，尤其可以体现文章气势的文论范畴当数"意境"的不确定性。"不著一字，尽得风流"（朱光潜，1987：125）的空灵深远境界，一求"深"、一求"真"，形成了超越于文字和物象之外的无言无尽的"言外之致"。这一艺术追求的可联想空间，超越了"象""景"的话语生成要意，更是因其以"空无"为基础的自觉心悟方式而无限增大了意境空间的言外之意。"超以象外，得其环中"（朱光潜，1987：129）的韵味说亦是同样的意境追求。因为中华美学的意境空间探寻，本身就是一种超越言意之表、直探心源情志的禅宗之思。这些暗合于艺术感受的规律性论述，只在清空淡远、缥缈超绝的话语"妙悟"空间里方能把握得到。

中华美学话语空间的"虚空"状态，与古代文论的原生态言说方式有较为突出的直接关系。考察一些该状态形成的原因，我们可以发现：与西方文论相比，中国古代文论的美学原生态表达方式倾向于寄生在广义文化的文学语体风格之中，而少见西方那种纯粹理性的学术构架范式。这里所说的中华美学话语样式，处在文论与文化形态浑然一体、紧密结合的"大文化"（斯宾诺莎，1958：92；译者贺麟）形态之中，即是以"寄生"的精神生产方式存活在文论"自觉"的广义文化之中的。先秦时期，中国古代的诗学文论只是一种泛文化的批评意识言论，依存于文化著作中只言片语的语境中。这些只言片语其实不能算作是真正的文论，只能融在涵纳各种文化关系形成的著作语境中，才能独立构意，才有了它的生存力和阐释力。所以，中华美学文论话语的生命活力是中国国家大文化语境中的有机组成部分，内涵不仅涉猎传统文艺思想的因子，还与政治、伦理、道德、哲学等文化内容息息相连。而正因为如此，这种文论话语空间的文化意义和诗学因素，不仅与华夏大地的文明史研究密切相关，而且还须借文化语境的构意阐释方可存在和实现。

西方文论话语对文学意义的理解空间早期也有这样的特点，但其中的话语样式往往可与大文化语境的阐释力度剥离开去，而中华美学的文论范畴理解问题就必须与广泛的文化内容联系在一起，才能使文论话语的意义在泛论文化的博大领域内变得阔大而流动起来，如：孔子的"尽善尽美"、孟子的"知人论世"、老庄的"虚静物化"（海德格尔，2018：61；译者陈嘉映、王庆节）之说，原本都是论"道"的，并不是专门论文学的，其话语意义的生成空间便十分开阔。也就是说，这种与道家、哲学等大文化语境丝丝入扣的文论概念认识，应该链接到文化的各个类别、各个层面、各个角度来把握，当然也就不能与虚空深远的话语空间意义相分离了。中华美学的广大驰骋空间，落实在具体、实在的各个文化层面上，在大文化语境中相互映射、相互构意，这才创造了非文论典籍和非理论型文学体裁的诗性语体，如先秦文论《尚书》《左传》的叙事性言说话语形式。当时，诸子语录的专篇文学性话语都用隐喻、意象的随性技巧来言文论叙事的"不尽之意"。许多语录文学的话语言说张力，也是寄生在蕴藉丰富的想象性阐释空间里，才创造了富有深度、不同于一般言说诗性文章的"道论、心论、物论"等思辨性内容。这种寄生于文学隐喻体或对话体的典型文论话语模式，自先秦之后，就因其洒脱、特殊的言说方式而获得了独立成体的文学理论根基，成为贯穿中国古代文论传统的一个审美特质。两汉以后的史传体、序跋体、诗赋体、骈俪体，以及唐宋以后的诗论体、诗话体、评点体等诗话评论样式，在后来的发展过程中都一以贯之地遗传了中华美学文论话语的诗性基因和伦理传统，形成了中国诗学体系"体大思精"（邹华，2003：128）的诗文评著格局。

这里，我们不妨从具体的中华美学古典文论的实践历程来观之，一个或几个文学理论的话语成分问题依然具有"产生性"的文体特征，必然是文论形式与文体形式共生共存的一个"同一"存在体。它的文体框架和话语空间因种种叠交意义而增大，这就导致了"以生命情感涌动"（陈望衡，2005：134）的文论话语必须寄生在文学文体的话语之中，才能变得更有形象性、动态性、叙事性和生动性。可见，中国诗学与西方文论一样，都有心理体验复杂的"寄生性"，只是中国古典文论的产生方式由文化的话语空间变成了各种文体存在的时代空间，但无论何种寄生凭借，文论话语的阐释空间都因此而显得更加虚空了。中华美学古典文论的"寄生性"特征，即使是在传统诗学生产的"自觉时代"，也可常见其存在的衍变痕迹。早在魏晋南北朝时期，《文心雕龙》这部独一无二的中国古代文学理论专著，其话语的"骈俪体"文体特征就十分明显。这一纯粹的文学文体修辞藻饰、诗思交融、铺叙比兴、隐喻精微，与典雅润泽的论说言辞体制熔于一炉，从而造成了文论话语意义空间的含蓄性和生动性。此外，寄生于"赋"体的《文赋》创作论也值得一提，其文论系统的论述空间也因"铺才摘文，体物写志"（维特根斯坦，1996：189；译者李步楼）的体验式描述特征，才将阔大、空灵的话语内涵和模糊感受铺张式地扩大开去的。因此，直接寄生在文学语体之中的《诗品》，虽不托"体"（具体的文学体裁）而生，但其"文外之旨"的优美语句、妙喻取譬，使文论话语包含了"言外之意"生成的无限可能性，乃至于后来的论诗、品词、曲话等文论巨著，均与文学话语的语体和风格结为一体，并在"体物"的话语空间中传达感悟情感的灵动与变化。

从魏晋六朝的文论藻绘到唐宋呈瑞的空灵图貌，再到明清诗话的玄妙传神之说，无一不是在中华美学诗学话语的运思轨道上前行的。中国古典文论话语的运笔之思，与诗歌文学创作的着墨意象一样同质同构，均创造出了"境生象外"的空灵性留白空间。这一空间的复合结构是虚空的，具有阐释不尽的意味。如杜甫的《戏为六绝句》、元好问的《论诗三十首》、司空图的《二十四诗品》，本身也是情味盎然、辞简意深的二十四首诗，既有《诗经》四言诗文学式的触机成趣，又有晚唐七言的典雅方正和自然清丽；诗画互补、形神互见，其"诗中有画、画中有诗"的意构空间寄意在文学话语的有无之间。这些以诗歌、赋体、骈文等文学体裁的论诗话语，妙绪纷披、哀婉幽深，蕴蓄丰富地扩展了文论话语的诗性空间，其"不尽之意"的弹性话语表达方式被展现得淋漓尽致，变得十分宽阔而浑厚。即使不是直接以文学体裁的话语特点出现的文论著述（如：皎然的《诗式》、严羽的《沧浪诗话》、王国维的《人间词话》），大多也都具备了文学拟喻型话语的语体风格和意会特色，加之中华美学文论体系中的隐含式禅道思维方式，其"深文隐蔚，余味曲色"（迈克尔·苏立文，1998：111；译者陈瑞林）的文学性品格终究导致了文论话语玄奥灵动、阔大幽深的情感体验特点。所以，中华美学古典文论的话语蕴藉性蓄积深厚，具有无限生成与无穷阐释的可能性。可见，中华美学的文论体系是在文学文体、文学语体的根基上弥漫生成的一个完整的统一体。这种弥漫性生长的同体共生状态，倘若离开了文学就会无法自存。据此，不难体会，我们看到的论诗诗话以诗的体裁出现，创作文评以赋体、骈体的形式出现，小说臧否以记叙性笔记的文体出现，就是这个道理。这样一来，文论话语寄生于文学语体的中国式传统特色，因此也就生成了。

中华美学古典文论的特殊思维方式，除了与文学的寄生关系之外，也是导致中国文论话语空间倾向于"虚空性"的又一重要内因。如前所述，中国文论的整体思维方式，大多青睐于把对此物的认知状态放在与其他诸多彼物的整体关联中去认识、去感悟。而事物的具象构成状况是多方面的，彼此之间的联系渠道也是多面性的，因而整体联系建立起来的直觉联想领域也就不是静态的，是非常广阔的。整体而又虚空的思维视界和话语空间，串联起变动不羁的复杂事物，因此才能给作者和读者提供一个空灵无囿、"立象尽意"的开阔界域与文论空间。况且,中华美学的"具象"思维追求的是超脱于象的无限意指空间,其"立象导意"的自由运思形迹呈现出虚实相生的中国文化特色。它的客观实指的"象"(具体化意象)包孕着审美感悟的情感体验,已超越了具体可感的有形想象之运思轨迹,总能具有一种含蕴不尽的无限意指况味。(威廉·巴雷特,1995:204;译者杨照明、艾平)如"空中之音,相中之色,水中之月,镜中之象"(聂振斌,1986:136)的意蕴境界,喻丰富的哲思理念于宏大的"天下之迹"意象中,言有尽而意无穷。这种在具象当中"以有限见无限"的虚阔话语空间,意蕴深幽莫测,风格虚化高远,是西方文论的外延与内涵所未曾落实到的。此外,中华美学古代文论中的参照性技法和意象性用语,常常借此言彼,也形象化地浓缩了"以有形画无形"的诗学境界。这些"根情、苗言、华声、实意"(艾尔曼,1995:135;译者赵刚)的话语空间意蕴,都极具概括力的艺术特质,无法用不同文体之风格的内容与形式来实量,只能让读者在可感"文眼"的空间层面上,去感悟这些术语背后那高度综合的无限意指旨义。

中华美学的文论意指运思方法,注重于主体抽象的心物交感体验,强调的是"物以貌求,心以理应"(艾尔曼,1995:137;译者赵刚)的主体情动结果。这种"以心会物"(鲍姆加登,1998:109;译者缪灵珠)的运思感悟方式,将创作实践与批评实践紧密结合在其间,由表及里、触类旁通,留足了思想冥悟的情感空间。世界诗学文论话语空间的构建蓝图与思维创设亦同此理,也需用直抒胸臆的形式将审美对象的体悟妙言言简意赅地点评出来。诗学审美的点睛传达不能固定在某一框架之内,都须凭借"心"的体验去超验远胜于感知到的"音""形""意"空间,便能获得创作主体-作品-鉴赏主体间的情感交流和空阔领悟。而从鉴赏论的感悟经验来看,中国古典文论的"兴会说""涵泳法"就更加强调文本空间预设意指的自由性和开阔性。这就要求诗学的渺远意蕴世界,需要鉴赏主体以心入情、有感而发，去演绎、想象和领略其空濛缥缈的个中之味。

其次，中华美学古代文论话语空间的内在成因，都深受中国传统哲学儒释道三大流派的影响。受此深远的影响，强调内心觉悟的"虚静"精神话语，便造就了中华美学古代文论影响力的无限性和延展性。再加上道家和佛家形而上之"道"的长期影响，在此基础上形成的"神思""心斋"等入思方式，将中国古代文论话语的虚空域界扩大到了辽远深厚的人心之境，这就内在地建造了一个从"禅悟"对象去理解事物、以内心体验为基础的精神世界。

二、严实细密的逻辑推理

中国的古汉字文字系统，象形性极为突出，尤其是"话题-说明"型的框架结构在相当程度上反映了客观事物之间的相互联系。这一点与偏重严密逻辑性的西方语言结构特征十分不同。因而西方文论的话语表达之势，乃至词组、词类、句类及各种语法范畴，都强调对事物的联系下一个精确的定义或推论。因为西方的字母表意系统不带有任何象形意义，其文字意义完全是阅读主体的主观感受加上去的。所以，就必须先提出一个固定的概念，便于主体了解这个既定概念的确定意义。而汉语的话语建构空间，是随语言"话题"的关联度而相互转化的，是在一种虚实相生、客观辩证的状态之下界定事物的概念的，所以是虚空、模糊、毫无界限感的。因此，从语言文字本身的表达层面来看，西方语言的"主-谓"形式逻辑和一致关系严格地表现出理性精神的思维根基，其文论概念中的论证范畴都力求遵循密实、严谨的推理过程。故西方文论话语空间的展开过程，往往就是一个个语言概念不断延续的知性过程，并与西方语言结构本身所具有的"密实性"天生地联系着。（柏拉图，2003：141；译者王晓朝）

一般来说，西方文论的思维系统非常缜密，范畴义界也相当详细,而且语言体系都是以独树一帜的哲学观点见称的。这又导致了西方文论系统的语言表达,就是存在于语言之外的所谓本源真理的形式化工具和符号化通道。这些理性主义的终极表达之"道",可以作为一切思想和经验的基础,严密、准确地传达出那些"可言说"和"不可言说"的东西。因此,西方文论的逻辑中心主义都坚信:严密的语言逻辑才是明确宇宙真理的最佳途径,并力求从话语的表述空间中去把握诗学概念的内涵和外延。源自古希腊科学实证精神的思想逻辑和形式逻辑,促使西方文论的分析话语都从各个不同的侧面坚持着演绎推理的理性特色,从而使西方理论概念的精密推论特别追求论证形式的正确性。(Martin,1986:40)所以,西方文论的论述对象也就以严格、周全的思维方式为基础,从纵向上层层深入,由表及里地分析出它的本质。譬如:亚里士多德的"悲剧论",就将"悲剧"的话语意指规定为"一件凭借美化的语言,去激发人类怜悯与恐惧情绪的叙事行为"(Selden,1988:92)。这句由形式到本质的细致论述,不仅对"悲剧"的模拟定语对象做了准确的界定,而且还对悲剧中心语的话语空间建构特点和反应行为效果进行了更细致的论证和切分。可见,亚氏"悲剧"定义的论述话语是系统的,是由"情节、性格、思想、言词、形象和地位"编织而成的一个横向"虚拟的意义世界"(陈望衡,2000:66)。

三、思辨抽象的诗之本质

西方文论原生态的铸成模式,从根本上是一种主客相分的分析思维模式。这种追求精细、准确的思辨性质,深受西方哲学将事物分为现象和本质、个别和一般的理论影响。(Smith,1967:114)所以,周密系统的西方文论话语从产生之日起,就不像中华美学古代文论的学术型话语那样,它的诗性文学和理性思辨的语言表达是互相对立的。西方的文论话语就是文论话语，与文学话语完全没有交集。而中国文论的"诗缘情而绮靡"（陈振濂，2000：133）的论述说法，是一种富有表现力的艺术形式，其抽象内涵是诗的审美本质与诗化形态过程的直观描述，在形式和语言风格上迥异于亚里士多德的"诗论"。亚氏言："写诗这种活动带有普遍性和目的性，它所描述的事情比历史事件更富有哲学意味。"（Thickstun，1988：140）这段论述表达的"诗"的本质用词细密、限定准确，有意指明"诗的陈述"是一种在本质秩序中业已存在的"存在物"，其诗性的思维方式和生存方式能为人类开辟一个表现诗意感受的新世界。

这里，我们再讲讲中华美学古典文论中对"兴喻"与"隐喻"的简略解释："兴者，比之推也。"（黄可馨，2000：122）这种"托物寓情"的诗性话语，既含蓄又形象，当属文学感受的概述范畴。它的语言结构特征具有跳跃性，略去了逻辑分析的思辨过程、含蓄地揭示了事物隐在的内联性。但西方文论对"隐喻"的见解，常常把喻体（vehicle）和喻旨（tenor）的相似之处或相反之处放在一起相互对照，力求缜密而准确地揭示出"隐喻"的根本意义和对比特性。周知，在西方文论的发展史中，无论是在德国古典哲学时期，还是在20世纪的文论思想体系中，诸多具有渊源师承关系的文论论证都以自己的独特内涵，精心阐述了自成一家的内在建构和思想意蕴。这就使得其思想体系的话语逻辑非常明确，十分严密。如荣格之于弗洛伊德的精神分析文艺观点："文学是无意识本能导向更高满足感的欲望升华。"（Moore，1903：131）基于此理论基础，荣格不同意弗洛伊德的这个观点，他又明确、细致地将弗洛伊德的"无意识"动机分成了个体无意识和集体无意识的两个概念。他的"集体无意识"理论论述道："文艺创作的根源不能为个人所获得；只有集体无意识的'原型'情结才是文艺创作的根源。"（Stein，1998：109）荣格对"集体无意识"的精细阐释、对"无意识"的缜密细分，使得"个人无意识"的话语存在空间和严密思辨形式得以更严谨地建立起来,其判断和推理的思维逻辑过程,也因此而表现得格外密实起来。

对于西方20世纪文艺理论的话语形式和文论观点而言,其反传统、反理性的颠覆性倾向偏重于越来越深化的分析方法和思维观念。这样一来,20世纪及其后的后消解"逻各斯中心主义"的文论内容,更复杂地表现出话语的严密性和准确性。例如,德里达的解构理论在阐述、解构哲学/文学二元对立的距离性和间接性时,虽然批判式地提出文学语言具有"非透明性"的文本理念,但他的"异延"理论话语也是一如既往地严谨与周密。"异延"概念是德里达全部解构主义理论的一块重要基石,作为德里达理论中一个极其重要的文论概念,他拒绝像形而上学的传统文论那样,一直忌讳给"异延"观念的判断、推理下一个相对稳定的定义,反而会用一个超验本源中心的阐述话语去强化诸如此类的意指概念。(Selden,2004:113)所以,"异延"这个词不属于一种存在的"在场"范畴,它不是一个多么超验的固定概念,而是一种原型差异的"异语"游戏,其一连串否定式判断的话语差异仍然具有玄而又玄的密实性。

继德里达之后,希利斯·米勒在他的解构主义文学批评《史蒂文斯的岩石与治疗的批评》一文中,用文本阐释的模式严密地揭示了解构主义的修辞特点。通过这种从概念到概念的追溯论证过程,文学批评家运用了颠覆的力量,进入每一个所研究的文本结构迷宫里去阐明一切线索、去发现文本自身反逻辑的消解因素。尽管如此,所质疑的文本阐述各部分之间还是存在着深层的内在联系风格。这种阐述的力量,从解构主义批评的实质方法出发,运用概括的"结构主义"的思维方式,由表及里地抽取了"解构主义"深层的那些最准确又能起决定性作用的属性因素,并以此来界定文本自身的诗学性质。在阐述"解构主义"表层本质和深层本质的系统现象之时,我们有必要对其子系统的论述话语结构特性进行层层分解的细分和阐明。总结起来看，不难理解，西方文论的诗性色彩由于受其语言结构和思维方式，以及文化精神的影响，力求排除表象的干扰和迷惑，去追求话语逻辑的严密性和科学求实的统一性，因此，其话语空间的规定性特色凸显了致密周全的理性逻辑感，具有与中国文论"诗之本质"的思辨型话语不一样的结构空间与空灵韵味。

第二节　话语世界的体验重心

一、形态类型

汉语言文字的象形性因素是视觉型的文字，是自然性、概括性很强的综合性文字。这一点从中西方语言文字的差别之处就可看出。总起来说，汉语能够以某种感知的力量，把概念之间的纯粹关系直接连接起来，从而触动阅读主体去把握概念。所以，中华美学的古典文论话语始终贯穿着汉语情感文化的主体色彩，是汉语言"内功"运用的一种精神状态的体现。而西方的语言文字符号偏重单向的理性和智性轨迹，是推理性的形意文化。因此，语义型的汉语内蕴更注重保存和传承中国文化传统的抽象关系和约束规则，更能从文字文化的运用上去维系传统文化的存在意义和内在张力；而西方文论的话语材料更具智性的因素，其语法型的逻辑规则更注重话语体系的抽象性和完整性。或者说，汉语表意的"示象"符号体系能充分调动读者的直觉思维，同时又加之一字多音多义的表义关联性，也会给读者开拓出一片更为广阔的理解空间。（杜卫涛，2004：58）而西方语言结构的严密语法规则和表意系统，在言说者和话语意义之间横亘着抽象思维和逻辑思维的单一性，因此也就更能准确地表达出理论言说的概括性和确定性，也就不足为奇了。

由此看来，中西方文论的话语体系与当代表达各有千秋，但中华

第四章　中华美学人文学术话语权的反思与建构

美学的文论话语，因其汉语句法的表达策略定位和自由思维意义而具有的弹性张力和纵深优势，却是显而易见的事实。中国现代文论的这种言说特色和直线思维逻辑，在与西方文论对话交流的世界诗学空间意识里，反映了中国传统语言表达内涵的思想精华和创造力。可以说，当代中国文论语言思维的想象空间，开始回到了中华美学古人哲思追求大局意识的纵深战略优势上，有了"鲲鹏万里、浅薄功利"的洒脱力度和味道。这种迂回曲折的话语思维复位与文字表达回归，很值得我们认真、客观地反思与品鉴。中华美学古代文论话语的言说方式，与西方文论的话语形态相比，所采取的随笔体或语录体评点形制，颇具中华民族的民族特色。绝大多数的古代诗格、选本、摘句、诗话的诗论形式自由灵活，且中肯綮，多凭审美直觉对具体作家和具体作品的溯源索隐做些考证。与西方文论的后代理论体系相比，中国古代的先秦文论中，直抒结论者居多，且尚未独立成体，主要是跳跃性地采用一些随意性的话语体式去"因诗及诗"和"因诗及事"（黄时鉴，2001：52）。比如：孔子师徒的《论语》、刘勰的《文心雕龙》、钟嵘的《诗品》、严羽的《沧浪诗话》、叶燮的《原诗》著述，在详尽分析文学创作的具体问题时，也多是靠即兴、随意的片言摘句、当机发论；既言近旨远，又微言大义。中华美学的当代话语形态之所以会如此之表达，其实乃是因为中国古代文论的话语类型与中国传统文化的多元化因素有着直接、密切的联系。

首先，"天人合一"是中国哲学最基本的思想形态，它制约并构造了中华美学古典文论话语类型的思维特定模式：整体与混沌。这种重要的思维范式支配着中国古代文论汉语文字句篇构型的话语表达原则。中国古人认为：文论所述的语言文字之"意"难得其真，无法完全、准确地将客观物象的自然秩序纳入其原本语义传达的系统格局中，只能在与客观事象的共融共存中，方能用人心所获得的"意"去确认、感受、体会它的生命和存在。（陈望衡，2007：71）于是，中国古代的文论家们将语言描述与外在事物的"象"融为一体，在"显象"中蕴蓄其经验感受的无限真意，以便达到"物我一体"的合理境界。所以，"事象"和"物象"的外延呈现，善用语言材料的有限觉悟与认知、去领悟古代文论所包孕的"象"的不尽之意和无限之意。因此，要化解无言与"无穷之言"之间的矛盾，便是以语言的有限存在指向去暗示"无言之美"的无穷意义与境界，用小型短章结构的少量语符"以少胜多"，从而无限性地聚集、暗示丰富密集的"意"。

其次，中华美学"形制短小"的文论话语结构与中国古代文学传统的抒情经验有直接的联系。中国诗学的文学创作主流样式，始终以"非解释性"的诗歌创作为主，具有"直接抒情"的情境特征。这种境界往往排斥强烈的主观表现与解释说明，是为"尽意"而靠"象"来引导、营构的。中国古诗的"意境"，"窥意象而运斤"。它追求的是受话人对"无言之境"的把握。对古诗进行研究的美学文论家们，也需从"象"入，而后悟其"意"以自足。文论读者，作为特殊的受话群体，也该如此，也需要从其高度节制的点滴言词出发、去得其无限意蕴的"真意"。（李汝信、王德胜，2000：142）中国古典文论话语的"微言大义"与自然悟得，就这样与中国古诗的独特"表意"传统结下了不解之缘。

再次，中国文论的话语形态还与中华美学的主体精神取向有关。中国古代文论的诗话方式和评点形式，只遵循言近旨远、言简意赅的诗性话语习惯，并与"不尽之意见于言外"（陈文忠，2001：115）的古典美学追求相一致。以"认识自然"为基础的西方文化，在人与自然的处理关系上，一开始就表现出对自然进行秩序性地控制与征服的强烈欲望。于是，这种高度重视实用技术的文化特性，与中国传统文化理念中"天人合一"的思想境界不同，必然也就影响到西方人惯于用科学理论的理性思维方式来认识世界、解说事物。西方文论的话语形态也是以这样的思维基础作为逻辑规律，建构其独特的主观性体验的。西方人相信语言是人类思维外化的工具，可以被人们共同掌握，从而通过人类认知活动和经验技能的转化，来理解、演示、记录自然世界的真实秩序。由此，西方文论的"体大构严"话语形制，把万物殊象的整体逻辑结构分解为部分精刻的特性因素，并以这种精密、简单的认识交流方式，表现人与自然的明晰性关系。（Levenson，2000：99）这种话语的结构特点，常把单纯、明确的事物关系分解成一种解释要素的数量分析关系，是以逻辑注释的精密言说方式来引导读者的。这套系统完整、广泛严密的话语体制，清晰准确地把西方文论的文化历程外化出来，同时也验证了西方文论言说事物思维形式化的客观性和确定性。

中华美学古代文论话语形制，既短小又凝练。这与中国古典诗学的简约含蓄特性有直接的关系。同理，西方文论的"体大构严"话语形态，也与其占主导地位的叙事文学传统有渊源。以"叙事为尚"（Lukacs，1964：106）的西方文学经验，在信息组织上孕育了史诗和戏剧的系统符号编码方案，从而形成了指向普遍意义的"全面模仿自然"（Lukacs，1964：108）的典型化叙事传统取向。那么，西方文论的话语结构也便相应地要用较长的、较细致的叙事构造原则，以严密、足量的长型语词结构去模仿自然、固定认知，来为文论语言的话语形制发挥"逼近叙事传统"的真实功能。它的语言构造规模与理知特点，证实着西方叙事文艺传统的长型秩序和真实旨归。

二、表征秩序

中西方文论话语的差异之处，本质上是一种存在主义世界观在思维方式上的区别。由于中国汉语"字本位"语言思维性质的凸显，中国汉字便已在"天人合一"整体思维传统基础的层面上，表现出了"示象"和"显象"的形式表征。此外，中国文化传统的领悟型思维模式，也是依靠事象和物象在场的"意"来引出人们对事物"不在场"的认识。所以，中国文论话语意义中显现的"象"是飘忽不定的一种存在，是一种处在不确定中的启发系统。而西方语言表音文字的编码系统则与此不同，它的语义逻辑与分析构造，要从严格的语法规则秩序之中求得。这种文论话语的外在直察形式，是建立在以"逻各斯"为中心的推理思维对文学现象的认识基础上的。因此，基于这样的思维展示逻辑，西方文论话语的能指语意和理性秩序均以实证科学的技术化语言形式表述出来，均是"在场的"（Edel & Gordon，1958：74）。中西文论话语的"诗性"与"理性"差异，在言说方式上各自以悟性思维的显像形态和逻辑思维的显序形态为基础，从而导致了话语外在表达历史形态的现实转向。

中华美学的古代文学传统，从文学的表达形式来看，擅长于"情之难以直观"（李子惟，2006：101）的抒情法；相应的，思考、分析文学创造的理论话语便也要寓于朦胧模糊的"象"中之"意"来把握；所以，中国文论常常是博阔、含蓄的，是"显像式"的。而西方的"事理"秩序是文学叙事传统的重要规则，文学现象则"以叙事见长"（李子惟，2006：103），解释文学现象的文论话语也就不能不以秩序化的"显序"模式来思考这一特别的文学现象。由此，中西文论话语的当代表达趋势便有了不同的言语构型前提。

（一）显象话语：立象尽意和得意忘象

"象"，在中华美学传统文论话语中虽具有极大的变动性，但却是最易为读者把握文学艺术之理的一条基本途径。中国美学传统文论话语中的文艺思想，聚集了大量的客观存在之"象"和主观摹拟之"象"的综合方法，力求以有不确定性和流动变化性的"象"为认识媒介，依靠那些难以言说的意象思维的基础层面，来系统寻求文艺本

第四章　中华美学人文学术话语权的反思与建构

质和现象的整体观照规律，从而着眼于鲜活、生动的事物之"象"，表达文学艺术的诗性之思。

　　从"显象"性的基础意义上看，中华美学的表意文论话语本身便有求模糊性与形象性的固化趋向。这一点不像西方表音文字那样、对文字的逻辑特征比较侧重。中华美学的汉语思维方式，既追求语言写作的简约与传神，又讲究文论话语的丰富内涵，这才建立起了"物象""表象""比象""兴象"的形义结合意义。于是，中华美学的象形文字更便于抒发思想情感的意蕴价值。这一特点是西方文论所不具备的。我们还知道，中国古代文论话语的"显像"性与宗教、哲学、文学的关系很密切，三者之间总是相互作用、互相渗透。而以文化支撑因素为基础的美学文论话语的思维模式，更是制约了中华美学崇尚天人合一、物我合一的传统诗学属性，必然影响着宇宙万物与其内在本质之间的有机联系。所以，中国文论话语的整体思维模式，只要将事物的外部"意象"来"尽意"，便可以依靠整体领悟来探触宇宙万象的内在本质、表达对文学审美经验的认识。简单说，就是中华美学的直觉体验，常常依靠具象的抽象方式来言说所论事物的面貌与形象，同时又能使理性思维对文学活动的辨别和感受，从一个"种属"事物的诗性概念延伸至多样"类属"事物的美感体验之中，进而努力描述出"立象以尽意"的蕴蓄语义。借助于中国文论诗性话语的典范性，"象者出意"的话语形态善于以"象"的呈现来观"道"，而"意"和"情"的巧妙传达，不用去解释说明，凭"悟"便能得之。（陈瑞林，2006：73）因为，中国人的语言观念认为：语言艺术的叙事倾向，只应安于以显示个体在有限时空中的感观意象为"显像"取向。这种以"自然的原本秩序"为外在形式的语义格局，突出地体现了东方民族具象思维的传统特征。这种思维的基本形式——表象和想象，需要与之对应的语言单位依据具体的"象"来外化观念、描绘环境。所以，中华美学古典文论话语构筑的意象世界，超越了先在语言

123

符号的系统规范、创造出了许多蕴藉而不直露的玄虚用语,并给受话人创设了宽广、开放的体会空间。

中华美学文论话语的审美属性,还应结合中国文学传统的抒情言志形态来认识。中国文论的审美意识是具体的、活跃的,有超出语词所指之外的"灵活性",其话语空间的意识形态属性,无法用固定单一的语词概念来界定。这种以"显象"来"尽意"的体现方式,是研究文学形象的文论分析范式落实到位的。相应的,以"诗论"为主的中国古代文艺理论,也对中华美学表现情感的功能比较偏爱。但较之于丰富的诗文理论而言,中华美学的抒情话语还与表象思维的主观感受有关。中国文论话语的"言意之辩",与美学关系甚大,但也和哲学、诗学领域密切相关,特别是"言不尽意论"的哲理之"意",对文学理论的论述和文学艺术的发展产生了很大的影响,也给文学自觉性和审美自觉性的智慧之径指明了方向、打开了通路。它的构思意旨,也有着哲学基础的理性依靠。(金雅,2005:139)那么,中华美学的当代表达究竟是找到了怎样的"言说"途径,才能用语言符号的表达功能来"立象尽意"的呢?不论是何种情况,文学创作的玄幽意旨,在"立象尽意"的艺术审美追求中都得到了最佳的表达。可见,中国文论的哲学依据和美学取向,也就有了因"意"之难言而借助于"象"来尽析文学"难言之意"的做法了。

(二)显序话语:逻辑与秩序

西方语言的文字属性隶属于印欧语言的表音文字体系,善于将抽象的对象符号条分缕析。它的系统概念有很明确的内涵和外延,与语义的命题概念无直接关联性。因此,西方文论的文学观念及"理论"表述形态,也是由一系列抽象而又系统的逻辑范畴概念、通过层层演绎而形成,其本身的思维模式与中国传统思维的命题推理体系走的是两条截然不同的路。西方哲人先贤们普遍认为：虚幻的现象与永恒的本质是二元对立的，性质大不相同；现象是变化无常的，而本质是纯甄不变的。（Eagleton，2005：104）因而，要认清被现象包裹着的本质，就务必要采用分析的方法，去伪存真。这种"去除表象"的方法会将整体事物凝固在运动中具体、静止的一瞬间，进而使之分解为精密、简单的认知特性和因素。这就产生了接近单纯和真实的逻辑思维模式。基于这种严谨的思维分析方法，西方文论话语的严密体系必然印有哲学思维的现实特征，因此能成为这种追求物质本质思维制导下的一套抽象符号，也就不足为奇了。

再者，西方文论话语的显序秩序还与其文化思维的思辨理性特点有关，尤其是潜在的语言表达层面，就特别突出了这种思辨理性的非直观特质。所以，西方文论话语的理论概念，往往注重对文学范畴命题本质的追索和解析，并善于运用摒弃现象的分解方法对其内涵和外延的诗性因素加以界定，从而寻找出相对唯一、单纯、确定的哲思意义。如前所示，亚里士多德就是用分析的方法，对"悲剧"的整体概念做了具体的规定和细致的分解，这样就易于排除"悲剧"表象因素的纵横关联度，把握到"悲剧"这个认识对象的叙事特征与明晰性质。周知，西方文论话语的语言单位与特定的逻辑思维形式——稳固地对应着，从而体现出概念推理的严密性和思辨性。因此，西方文论话语的语言符号结构，特别注重实证科学的信息陈述。它的语言力量有明确的定义对象和交流目标，并能遵循现在的话语系统规范来演示自然、阐明事理、表达观点，从而恢复、还原人们对世界"真实"秩序的原初认识，呈现出实质性极强的逻辑理论秩序和合理论证特性。

我们可以从中西方文论中有关"神思"和"想象"两个相近的艺术思维范畴问题来进行一番比较。中国文论话语表述中的神思状态与情境概念，是以"象"呈现生活状态的显像话语。而西方文论中关于"想象"的定义陈述和引意解说，却在话语上体现出人类知觉的逻辑秩序性，是无限的"我的存在"的一切原动力。它的文学功用和诗学性质，与"神思"发挥意志作用的方式有些不同。尤其是在文艺复兴时代，准确涉及"想象力"直接要质的这一术语，如同诗人创造性想象力所理解的那样，其含义是指"诗人那种相对单一、具体、虚构、自发的创造能力"（Moi，1985：51）。这段话语易于将"想象"的特征与细节置于受话者认识系统的逻辑秩序之内，因而才能使西方文论话语的思维依据变得更加严谨、精细起来。正如亚里士多德在《诗学》中对"诗"的起源所做的评论一般："诗的起源皆本于人善于模拟的天性；'求知'对于哲学家和一般人而言都是一件最快乐的事。"（Plato，1888：60）这里，亚里士多德将诗的起源做了分析思维秩序轨迹的精剖，对"艺术起源"的认知现象也做了相对单一的逻辑推理与事象论证。当然，这些文论话语例举、分析的明确目的就在于依据理性，能使文学规律的认识系统抽象化、逻辑化，并使之具有客观性、可靠性和现实性。毕竟，适应于这种认识思维的西方文论话语，就是要将主观内在的思维历程和认识过程外在化、逻辑化、形式化。所以，《诗学》对"诗的起源"的话语言说逻辑是有秩序的、理性的、确定的。这一点与中华美学古典文论所言的"击石拊石，百兽率舞"（陈元晖，1981：58）之类的诗乐升平姿态，不可同日而语。

再比如，中西方文论中都有对"灵感"概念的论述，而中西"灵感论"话语的描绘原则也大不相同。中国古代陆机《文赋》中对"灵感"现象的描述，倾向于用"现象"和"形象"的整体联系来揭示"本质"；"见景生情，触目兴叹"（江滢河，2007：25）的话语描绘有突出的"显像"性。较之而言，西方"灵感论"的影响力，自古希腊时代起，就受到抒情诗人心灵力量的支配，认为：倘若诗人得不到失去平常理智的心灵感应，就没有能力作诗或代神说话。（Eagleton，1996：30）虽说，西方逻辑学的科学实证轨迹始于亚里士多德时代，但在柏拉图文论论述的话语逻辑中，我们不难看出其客观真实性的痕

第四章 中华美学人文学术话语权的反思与建构

迹。这个"有灵感凭附"的经验事实,在史诗或抒情诗方面都不是受感观局限的个人的主观随机感受,而是已被事实证明、能得到普遍认同的真实可靠的经验认识。所以,西方文论论述话语的前提和结论,都有普遍可证的客观事实做验证依据,其严密性、准确性由此可见一斑。此外,黑格尔在《美学》中论及"灵感"问题的经验事实时,也对艺术家灵感能力的想象活动和形象构造做了抽象的概括。柏拉图和黑格尔的"灵感论",摒绝了人类主观认识的不确定性,排除了"象"的运用型论述,着重表现了文学逻辑思维秩序的活跃性与清晰性。

从上述内容中可知,西方文论话语的"显序"构型模式,主要与西方现象与本质"二元对立"的哲学思维观有重要的联系。因此,西方文论话语中的论据事象或物象,常常需要论及逻辑推理的事实证据,以图其"去象"的本质,才能最终被准确地揭示出来,而不是要隐于文论中的"象"之后、引人去"悟"。当然,西方文论与西方文学创作本身都是要以"镜像"来重"序"轻"象"、反映生活的本质的。(Culler,1997:45)这也就是说,较言之,无论是中国文论话语还是西方文论话语,与文学创作的叙事文艺话语均是截然不同的。就文学创作的实践观来看,中国文论在语言特性基础上形成的诗学观,常常以"叙事性"文学创作的话语传统来表达。换言之,以叙事见长的西方文艺本质,通常也是通过西方语言的严格秩序来定义、定位文论话语与真实世界的"镜像"关系,以建构、整理自然造物秩序的文学世界的。这种发挥语言重组功能的文艺要求,特别需要由系统严明的文艺文本来逼近现实的世界秩序。这也是西方征服自然的欲望在文学理论秩序性话语中的艺术表现。相应地,西方文论的"循事秩序",从"有序"的话语构型秩序上来说,也就应依照叙事文学的艺术规律来进行,从而以塑造形象的叙事传统来凸显自然造物之"序"的艺术世界。虽然,西方文学创作同中国文学创作的叙事话语一样,但是，西方文论对艺术"镜像"的驾驭与征服，与"文学形象"的抽象之"理"有着泾渭分明的分野线。故而，西方文学与西方文论话语的叙事之"序"差异就十分显著了。而中国文论话语的哲学观念，则与"以象尽意"的中国文学创作实践一样，都在"显像"范式的话语中极力追求"主客统一""天人合一"的哲思之境。可见，中西方哲学思维的巨大差异，直接影响到中西文论话语的诗学取向走向了两条不同的语言表达路径。

三、构意路径

（一）"言象意"走向

在西方文论的当代发展轨迹中，语言对"象"的认识，始终停留在理性物质载体的附庸上。而在历史悠久的中国文论体制中，现代汉语与文论表达的构意路径（言→象→意），则得到了"书不尽言，言不尽意"（聂振斌，1986：154）的解决。这便是中国古典文论对"言意"关系的观点认识。这个"言→象→意"的构意秩序，更为明确地理出了由"言"到"象"，再由"象"到"意"的渐进关系。"圣人立象以尽意"（聂振斌，1986：157）的过程，通过"言"和"象"的层次结构途径，由外到内、由表及里地最终求得"意"。故而，"言象意"三者之间的关系构成观点，对理解中华美学古典文论的话语层次问题却很有启示意义。在中国哲学史上，道家哲学《老子》中的"道可道，非常道；名可名，非常名"，就率先开宗明义地深刻论述过"言意"之间的关系问题。因为"道"作为宇宙本源的无限命题，是无形的、无象的，故"意之所随者，不可以言传也"。之后，庄子的"言意观"进一步提出了"语之所贵者，得意忘象"的主张，更深入地探讨了"意"非言、象所能表达的局限性，认为："知者不言，言者不知；无言无象，无从得意。"（莫小也，2002：95）

第四章 中华美学人文学术话语权的反思与建构

从中国古代文论发展的情况来看,"言不尽意"的文论主流观,在我国古代"言象意"关系的诸家学说中是一个泛性的事实存在。严格说来,中唐以前的古典文论,因采取"立象以尽意"的创作方法,对语言有限性的表达功能做了肯定。这种处理方法直接影响到中华美学文学理论意义的建构方式。但实际上,从六朝到盛唐,中国古典文学理论的创作规律,遵循的都是"立象以尽意"的玄奥原则。由于"意"的幽深性,不宜用言、象直接表达、"尽意";只能用"以言明象,以象尽意"的阐明原则来反复把握。这是因为:作为一种传递理性信息的文论符号,"形象"同它所表示的"意义"之间,在表达思想感情时具有某种确切指向的模糊性。从逻辑符号的准确性和逻辑性来看,其暗示意义的传达与感悟,要比概念语言的抽象概括性含蓄得多。(李佛雏,1987:66)这种表达情感的有效方法,又无须对文学创作的实践指向做出定量般的严格规定。作为组织思想感情的一种"话语"符号,更善于传达出许多抽象概念或逻辑语言不容易说清楚甚至是无法言说的复杂感受和深邃体验。也就是说,中国古代文论的"文学形象"构成中,对"意以象尽,象以言著"的"构意"走向早有认识。所以,才借用了"立象尽意"的文学方法,用"言"来固定那些"难以言说之意"的情感内涵。这种"构意"途径的优势存在运用于文学创作领域,就是"言能绘象,象能达意"(彭锋,2006:190)的审美观。"辞约而旨丰,事近而喻远"(彭锋,2006:192)的"言-象-意"观,对此审美原则也深表认同。

我们从"言不尽意"论的话语层面,不难寻见中国古代文论"得意而忘言"这种观念的踪影。中国文学创作的文学起源与艺术构思,均侧重于用事象的传递之意,来描述语言尽描的"神思"之力。这些如实反映事物形象的文论话语,由形悟神、视通万里,力图使人通过言辞影响及其所描述之喻象,准确、巧妙地将"形"与"神"合一,遂建构起了把握其寓意的构意路径("言→象→意")。因为在话语形

129

象思维的意义显现方面,"象"比"言"的思维基础拥有更大的想象应用空间。因此,中国古文论家的美学思想也青睐于将深邃的语言意蕴寄存于所表达的事物具象之中,但这与某些西方哲学学派遵循的"妄图去割断语言与生活世界之间的联系"(Abrams,2004:26)的语言模糊性观念是完全不同的。毕竟,中华美学的语言哲学主流是"言能尽意"论,一向主张"立象以尽意"。这种"言不尽意"的古典文论观念,认为:语言能够准确详尽、恰到好处地表现意思、传达世界。"言"与"意"的合一,就是主体意志感情的真相传达。这一点高度评价了文学主体驾驭语言的能力,还原了语言能"明道传意"(刘悦笛,2006:161)的思想与作用。而"言起于微,言通于道"的语言观,也再次强化了"言"能尽"意"论的语言"达意"功能。

"言能尽意论"的核心观点,都主张要在从"言"到"意"的构建过程中来探求"意与言合"的趋同指向,其"言、象、意"的大关系方向,与语言哲学的文论话语构意转向非常接近。然而,"言与意"的关系问题,在"言不尽意"的观念传达上,遵循的还是用"言"借"象",最终达意的辞采创作路径。值得我们注意的是,这里,用"象"来达"意"的诗论诉求,依然还是部分地依靠了这些用"言"精雕的"象"来言说"忘我"的境界,最终具体形象地尽了其欲言之意,同时也在用"含不尽之意见于言外"的构意路径,呈现出了创作主体的难言之景与不尽之意之间的互证关系。这也是中华美学古代文论在话语层面侧重于"以象达意"的一个较为显著的诗学特征。

(二)"意象言"走向

其实,西方文论体系中的某些美学思想,与中华美学的"言不尽意"论有着诸多相近的契合之处。黑格尔在其《美学》著作中就认为:"语言本质上只通过一定的中介表达'意'。因此,一件艺术品的'形状'和'意蕴',在某种程度上呈现给我们的是一种内在的情感和精神。"(Eagleton,1970:85)可见,这种不能用语言表达的特殊的内在的"意蕴"东西,就是与中国"言不尽意"观的普遍见解有着内在的相通性的一种"灵魂与风骨"。再者,在西方现代文论中,波兰现象学派文论家英伽登的"文本层次论",对中国古代文学的"言象意"理论观也是持肯定态度的,二者对文学文本"言-象-意"关系的认识有异曲同工之处。英伽登把文学文本的意义单元由表及里、由近及远地进行了最理性的抽象与概括,这实际上就是中国"言不尽意"论的西式版言说。而西方的解释学,将语言的无限威力上升到本体的高度,夸大到了极致,更是对中国古代"言能尽意"论的多重再现和核心传达。

当代哲学家海德格尔就承认:"语言是存在的家。只有通过不可说者'无'的最高境界,才能真正在语言中把握住世界本身的存在。谁能拥有被理解的存在——语言,谁就拥有了世界。"(Brook-Rose,1981:86)无论是西方的"言不尽意论",还是中国的"言能尽意观",语言之外的"自在世界"在言说"言、象、意"的关系时,就是借"象"来直接揭示"意",并用最准确的"意→言"语言系统和构意途径来实现寓意的传达。当然,值得一提的是,西方文论中"象"的存在,与中国古代文论中"象"是载"意"的外壳和躯体的作用是截然不同的。所以,从柏拉图到黑格尔,甚至从黑格尔到玛拉美的西方"象"的形而上文论的诗学意义,最多只是以"象"表达"理念"的一个工具而已。这些文论的"意义"理式,实际上是一种近似语言真实体的言述观念,是有感染力的。这一观点的构意威力,是为强调"意"的最高存在(理念),才使用的"象"的喻证路径。因此,西方文论的表意理念,只有诉诸与人的理性相对应的极为抽象的思辨性语言逻辑,才能确切无误地借"言"来定"意",表达其

中西文论对话版图中的中华美学基因传承与当代表达研究

"意象言"观念指称的最高存在。

在审视中西方文论的构意路径时，我们仿佛站在了两个截然不同的世界之间。中国的文论，如同一位悠然自得的画家，以"言"为笔，以"象"为墨，最终绘出"意"的画卷。这里的"象"，不仅仅是具体的形象，更是蕴含了深厚文化内涵的意象。中国人坚信，通过这种"言-象-意"的方式，能够表达出那些难以用言语直接传达的"言外之意"和"难言之意"。这种诗性的话语方式，成为中国文论中不可或缺的一部分。以古诗为例，诗人常常借助自然景象来表达内心的情感。比如，月亮常常被用来象征思乡之情，而梅花则代表着坚韧不拔的精神。这些"象"背后所蕴含的"意"，正是中国文论所追求的境界。而在西方，文论的发展则呈现出另一种面貌。西方文论更倾向于使用逻辑思辨性的话语，而不是诗性的话语。这是因为西方人认为，诗性话语的隐喻性并不能真正指称"真理性"。在他们看来，那种以"象"显的话语只是一种非指称性的修辞，最多只具有审美功能，而不能作为言说最高理念（意）的样式。（卢善庆，1991：35）因此，西方文论的构意路径更倾向于"意-象-言"的方式。他们首先明确自己的理念（意），然后通过具体的形象（象）来表达这个理念，最后再用逻辑思辨性的话语（言）来阐述和论证这个理念。这种方式更注重理性思考和逻辑分析，与中国文论的诗性话语方式形成了鲜明的对比。

综上所述，中西方文论在构意路径上的差异，不仅体现了两种文化对语言和表达方式的不同理解，也反映了它们在审美观念、思维方式和文化传统上的深刻差异。这种差异使得中西方文论各具特色，相互补充，共同构成了世界文学理论的丰富多样性。

第四章　中华美学人文学术话语权的反思与建构

第三节　文化空间的焦点透视

中西形上文论诗学的面貌各异，犹如一幅繁复多彩的画卷，其内在的结构和纹理令人叹为观止。然而，试图对其进行全面细致的比较研究，如同试图用一口锅盛下整个海洋，既不可能也无必要。在下面的探讨中，本小节将以有限的篇幅，针对某些核心议题，展现其独特的风貌。

中西形上理论，虽然在表述和形式上有所不同，但在本质上，它们都基于一种相似的预设：在那遥远的终极领域，形而下的"文"，也就是我们所感知的具象世界，被视为超验的形上之"道"的反映或模拟。这里的"道"，可以是东方哲学中的宇宙之道，也可以是西方哲学中的理念或真理。这些形而上的存在，虽无形无相，但却通过万有之物，显现出它们的存在和本质。在这个宏大的背景下，最真实、最有价值的"人文"，也就是我们的言语和表达，在终极意义上，其实是对这些形上在者——无论是"道"还是"理念"——已经存在的言辞的复述或解读。这就好像一面镜子，虽然镜子本身只是物质的存在，但它却能映照出真实的世界，使我们得以窥见那无形的真理。

一、形上与形下

在汉语的文化语境中，"道"这一至高无上的形而上存在，其实质就是"说"，也就是所谓的"天言"。这种"天言"又被称为"天命"，而"命"作为"命令"，同样是"说"的体现。当你深入探寻时，会发现"道"与"言"的内在一致性在西方语言中也同样可以找到相应的呼应。在希腊语中，"logos"不仅指涉到"言述"的意义，而当它上升到形而上本体的高度时，更是指向"最高存在"，如柏拉图哲学中的"理念"。这里的"言述"并不是泛泛而谈，而是"最高

133

存在"自身的表达。（Bradbury，1976：82）而在希伯来传统中，那种"太初之言"被视作是上帝的神圣言辞。有趣的是，无论是东方还是西方，都认为这种"道说"或"神言"以及"逻各斯言述"是一种超越声音、静默而神秘的言说。在远古的巫术信仰时期，人们深信"巫者"或"祭司"有能力聆听到这种神秘的语言，并将其转述为人们能够理解的语言。在西方的语境中，人们则信赖"诗人"具有这种祭司般的能力，而在中国，人们则相信"圣人"是拥有这种巫者般能力的存在。这种"人言"与"道说"之间的紧密联系，被认为是中西方形而上文论诗学的基石。然而，随着形而上文论诗学的深入发展，人们开始意识到"人言"与"道说"之间的差异，这种差异在根本上动摇了这一基石。尽管如此，这种对差异的探讨和理解，也许正是推动中西方形而上文论诗学向前发展的重要力量。举个例子来说，中国的道家哲学强调"道法自然"，认为"道"是宇宙间最基本的规律，而这种规律并非通过人类的语言可以完全表达的。而在古希腊，赫拉克利特也曾说过"逻各斯是万物共同的尺度"（Watt，1963：131），强调了"逻各斯"作为宇宙秩序的普遍性。然而，无论是"道"还是"逻各斯"，都是超越了人类语言的限制，成为人们试图理解世界本质时的难题。因此，尽管"人言"与"道说"之间存在差异，但人们仍不懈地努力去寻求它们之间的联系，希望能够通过这种方式更好地理解世界的本质。这种对"人言"与"道说"之间关系的深入探讨，无疑为中西方形而上文论诗学的发展注入了新的活力。

在中国思想史的浩瀚长河中，有一场影响深远的辩论——那便是"言意之辩"。在那古老的时代，无数智者参与了这场论战，他们以锐利的目光审视着言与意之间的关系。他们认为，那形而上的真理，如同天边的明月，只能让人用心去体会，而无法用言语去准确描述。那些可以被言语传达的，往往并非真正的形而上之道。这种思想对中国的禅宗产生了深远的影响，他们秉持着"不立文字"的理念，强调通

第四章　中华美学人文学术话语权的反思与建构

过内心的体悟去把握真理，而非仅仅依赖文字或言语。然而，"言意之辩"并非只存在于中国，西方同样有着类似的探讨。在西方，人言与道说的存在论差异同样存在。上帝曾告诫人们："不可妄称我的名。"（Qian Zhaoming，2003：74）这句话便体现了言与道之间的微妙关系。而在马拉美的后期诗论中，他也明确提出了人言与道说之间的存在论差异，他强调诗歌应该超越语言的束缚，直面言与道之间的本质差异。面对这些挑战，中西形上文论诗学并未因此而解体。它们各自找到了保证人言和道说同一性关联的方法。在中国，禅宗通过禅修和体悟来实现人言与道说的合一；而在西方，诗人和哲学家们则通过诗歌和哲学思考来揭示言与道之间的奥秘。无论是中国还是西方，形上文论诗学都以其独特的方式展现了人言与道说之间的关联。这种关联并非简单的等同，而是一种深刻的互补和交融。它们共同构成了人类文化的瑰宝，为我们揭示了言与意之间的无尽奥秘。

在西方，人文与道说的和谐共鸣，其源头可追溯至古希腊的黄金时代。那时，文明犹如一棵刚刚破土而出的嫩芽，诗性言述作为其根系，深深地扎根于神意的沃土之中。诗人们如同先知，他们的言辞被视为神灵的启示，每一句诗行都闪烁着神圣的光芒。然而，随着理性主义的崛起，这场古老的和谐被打破。理性如同一把锋利的剑，斩断了诗性言述与神意的脐带。在理性的审视下，诗性言述不再是神意的唯一载体，而是被赋予了新的定义——它是情感的流露，是心灵的吟唱，却不再是通往神意的桥梁。取而代之的，是一种全新的言述方式——逻辑言述。它如同一座坚固的桥梁，连接着人类与道说（即真理）。在逻辑言述中，理性成了主角，逻辑成了通行证。只有经过逻辑洗礼的言述，才能被认为是通往真理的道路。（陈良运，2005：182）因此，在西方形上诗学的长河中，人文与道说的关系被置于"诗性言述"与"逻辑言述"的二元对立之中。诗人与哲学家，如同站在两岸的守望者，他们各自坚守着自己的领地，却又渴望跨越那条

135

看不见的鸿沟，实现心灵的交融。在这样的背景下，西方形上诗学逐渐形成了"依哲论诗"的传统。哲学家们试图用理性的逻辑来解读诗歌的韵律和意境，以期能在其中发现道说的痕迹。而诗人们则在理性的围剿中，坚守着自己的领地，用诗性的言述来探寻真理的踪迹。这种二元对立的思维模式，使得西方形上诗学在追求人文与道说同一性的道路上充满了曲折。然而，正是这种曲折，也孕育了西方文学史上无数璀璨的明珠。从柏拉图的《理想国》到亚里士多德的《诗学》，从荷马的史诗到但丁的《神曲》，这些伟大的作品都是诗性与理性交织的产物，它们共同见证了西方形上诗学在追求人文与道说同一性道路上的探索与成长。

在中国，人文的二元对立并非如西方那样在诗性言述和逻辑言述之间划清界限，而是在"圣人之语"和"庶民之谈"间悄然铺展。在古老的中国语境中，"诗性言述"与"非诗性言述"的界限并不分明，所谓的"非诗性言述"更多地指向了日常生活的闲谈碎语，而非逻辑严密的分析论述。实际上，在古代中国，我们并未形成"逻辑言述"这样明确的观念。想象一下，古人们围坐在竹林中，一位长者以沉稳的声音缓缓道出："言可尽意。"（聂振斌，2004：90）然而，这里的"言"并非指我们日常中的闲聊，而是指那种充满智慧与洞见的"立象之言"。这种言说方式讲究言不尽意，它并不直接揭露事物的本质，而是通过描绘一个具体的感性形象，来寓意、象征某种深层的含义。比如，孔子在《易经·系辞上》所言的"立象以尽意"，便是这种说法的最好注解。这种"立象之言"在中国古代的诗论中，始终占据着重要的地位。它既是"比兴"诗说的基石，也是中国诗性言说的典范。你可以想象，在古代的诗会上，诗人们并不直接抒发自己的情感，而是通过描绘山水、花鸟等自然景物，来寄托自己的情怀和抱负。这样的诗歌，不仅富有诗意，更蕴含着深厚的文化内涵。因此，在中国文化中，人文的二元对立并非简单的诗性与逻辑性的对立，而是一种更为复杂的、富有深度的区分。这种区分，既体现了中国文化的独特魅力，也为我们提供了一种全新的视角和思考方式。

中西两种形而上学的诗学体系对于诗性言述的理解和处理截然不同，就像两种截然不同的文化风景。在中国的传统文学理论中，诗性言述是一种崇高的存在，它被视为最接近真理的言述方式。人们深信，通过创造具体的形象，言语可以超越自身，指向那难以言说的深层意义。诗人们以诗意的语言捕捉生活的韵律，把握宇宙的真理，他们的诗歌作品既是情感的流露，也是哲理的探寻。据此，在中国文化中，"诗性言述"被赋予了至高无上的地位，被视为最高级的言述形式。而在西方的文学理论中，"诗性言述"的地位则大相径庭。对于西方形而上学而言，诗性言述被看作是一种非逻辑性的、非指称性的修辞手段，它并不能揭示真理，最多只能提供审美的愉悦。诗人们的作品被看作是虚构的、非真实的，他们的语言被视为一种装饰性的、无关紧要的元素。（谭好哲、刘彦顺，2006：102）所以，在西方文化中，诗性言述被视为一种次要的甚至是低级的言述形式。这种对诗性言述的不同理解，反映出中西方对真理和美的不同追求。在中国，真理与美是相辅相成的，诗人们通过诗意的语言探寻真理，也在追求美的过程中表达真理。而在西方，真理与美则常常被看作是对立的，诗人们追求美，但却被质疑是否能揭示真理。然而，无论是东方还是西方，他们的形而上学诗学都有一个共同的盲点，那就是他们都忽视了诗性言述的"修辞性"和"指称性"之间的内在联系和转化可能。诗性言述的修辞性并非仅仅是为了装饰或愉悦，它也是一种独特的指称方式，通过隐喻和象征等修辞手法，指向那些难以用直接言述表达的真理。同样，诗性言述的指称性也并非仅仅是逻辑性的陈述，它同样蕴含着修辞性的元素，通过形象化的语言，揭示出言外之意。更为关键的是，无论是中国还是西方的形而上学诗学，他们都预设了一个"终极所指"，无论是中国的"道"，还是西方的"理念"，他们都试图通过诗性言述来揭示这个终极所指，但这实际上是一种"形而上学之假说"。诗性言述的真正价值，并不在于它是否能揭示出某个终极的真理，而在于它如何通过独特的修辞手段，让我们看到世界的多样性和复杂性，让我们在美的追求中体验到生命的丰富和深邃。

二、在史与非史

"人文"与"道说"的同一性，在中西形而上文史艺术史观的非历史描述中显得尤为显眼，犹如夜空中最亮的星星，引人瞩目。在中国古老的经文中，"天不变，道亦不变"的信仰如同稳固的磐石，为"经"与"道"的合一提供了坚定的基石。在这样的信仰下，"经"被视为恒常不变的至道，犹如一条不朽的河流，其智慧如滔滔江水般源源不断。西方哲学家亦有着相似的追求。柏拉图的理念世界便是那个自身同一、永恒不变的终极存在，如同古希腊神话中的宙斯，永远在世界的中心旋转，统领万物。

周知，形而上学试图将万千变化的世界统摄于一个"一"的框架下，如同用一个精巧的盒子装下所有的秘密。在这个形而上学的世界里，"一"与"多"的矛盾如同白昼与黑夜的交替，最终归于和谐统一。时间的长河中，"一"（道、理念）如同源头之水，孕育出万物，正所谓"道生一，一生二，二生三，三生万物"。而"多"则如同万物归宗，最终归于"一"的怀抱，实现"返道归一"的至高境界。在空间的结构关系中，"一"犹如无形的引力场，牵引着万物按其规律运行。山川因它而高耸，深渊因它而深邃，兽类因它而奔跑，鸟类因它而飞翔。日月因它而照耀，星辰因它而运行，鳞虫因它而游弋，凤凰因它而翱翔。形而上学的"一"与"多"的关系，犹如一个旋转的宇宙，以"一"为中心向外扩张，向内收缩。这种"环中"之"一"派生并统摄万有，如同神秘的魔法，将万千世界巧妙地融入一个精妙

第四章　中华美学人文学术话语权的反思与建构

的体系之中。这种于万变之中而不变的形而上信念，深深地影响着刘勰的文史通变观和黑格尔的艺术史观。它们如同两条穿越时空的河流，在不同的文化和哲学背景下流淌，却共同揭示了一个永恒不变的真理：那就是在万变的世界背后，总有一个永恒不变的"一"在默默地支撑着。（潘耀昌，2002：204）

表面看来，刘勰的通变理论深受齐梁之后新旧文化冲突的洗礼，不断强调新变的重要性。他的观点可以从他的著作《时序》中的一句话找到佐证：文变染乎世情，兴废系乎时序。（邱明正、于文杰，1998：109）这就像是文化潮流中的一颗明珠，它随着时代的波澜而摇曳生辉，映照出社会风尚的变幻莫测。然而，如果我们再深一步地探索刘勰的思想，会发现他对这种趋时适时之变的理解，其实并非毫无约束的肆意改变。他在《通变》一篇中明确指出，这种变化必须在经义的框架内进行，如同一只鸟儿虽然可以自由飞翔，但它的飞翔路径最终仍被限定在一定的范围内。这就像是一个旋转的环，无论鸟儿飞得多高多远，最终都会回到环内。这种变化并不是盲目的，而是要有一定的目的性和方向性，这就是刘勰所说的循环相因，虽轩翥出辙，而终入笼内。这种通变思想，其实是一种变中有通，通而不变的智慧。就像百家争鸣，各种思想在互相碰撞中得以发展和升华，但无论这些思想如何激荡，最终还是要回归到经典的环中。刘勰在《宗经》中曾对此有过形象的描绘：百家腾跃，终入环内。这既是他对文化发展的期待，也是他对文化发展的深刻理解。

刘勰的通变理论，既体现了他对文化创新的追求，也体现了他对文化传统的尊重。他相信，只有在尊重传统的基础上，才能实现真正的创新，这就是他通变思想的真谛。以一个实际的例子来说，假设我们要在保持中国传统茶文化的基础上进行创新。这就可以借鉴刘勰的通变理论。我们可以在泡茶的方式、茶具的设计，甚至茶道的仪式上进行创新，让茶文化更加符合现代人的生活方式和审美需求。但同时，这些创新都必须在尊重茶文化的传统精神的基础上进行，不能背离茶文化的本质。只有这样，我们的茶文化才能在保持其独特魅力的同时，不断发展和进步。这就是通变理论的实践意义。

刘勰，那位沉浸于文史之河的智者，他站在历史的源头，用深邃的目光凝视着流淌的河水。他心中的文史之变，如同那河水的涟漪，层层荡漾，环环相扣。他所谓的"通变"，其实并非单纯的变，而是变化中的不变，是万变归宗的智慧。他的形而上预设，正是基于这样的理解，将文史的演变纳入了一个博大的框架中。他笔下的文史，是一部由经而骚而赋的壮丽史诗。然而，这部史诗并非一帆风顺，它充满了叛逆与断裂，仿佛一条曲折的河流，时而平静如镜，时而波涛汹涌。刘勰看到的，正是这条河流的波折与变迁，他将之视为历史的真实写照。然而，在刘勰的眼中，真正的文史并非如此。他心中的文史，是一部道一贯之，经一贯之的历史。这是一部永恒不变的史诗，是一部流淌着智慧与真理的河流。他相信，只有这样的文史，才是真正的文史，才是历史的本质。毕竟，现实的文史与理想的文史之间，存在着巨大的矛盾。现实的文史充满了变化与断裂，而理想的文史则是一部永恒不变的史诗。这种矛盾，让刘勰对文史的理解充满了复杂与深刻。于是，刘勰将文史的理解分为两种可能。一种是从文之史的事情本身出发，将"史"看作一种无根无源的发生或与根源的断裂。另一种是从形而上信念出发，将文之史设想为一种"本真历史"和"非本真的历史"（蔡仲德，2004：22）。这种理解，让我们看到了刘勰对文史的深入思考与独到见解。刘勰选择了后一种理解。他相信，尽管现实的文史充满了变化与断裂，但只要我们坚守形而上的信念，我们就能找到文史的本质与真理。这种信念，正是他坚持宗经复古主义文论的基础。

与此同时，远在欧洲的黑格尔，也在用他的方式思考着艺术史的问题。他用"逻辑与历史相统一"（陶亚兵，2001：35）的形而上史

第四章 中华美学人文学术话语权的反思与建构

观来解释艺术史，将艺术的变迁归结为必然之"逻辑理念"。他的观点，与刘勰的观点有着异曲同工之妙。他们都试图用形而上的观点来解释历史的变迁，他们都相信，历史的变迁并非无序的，而是遵循着某种不变的规律。然而，他们的观点也带来了一些难题。刘勰的宗经复古主义文论，让后世的文论家们面临着如何在坚守传统与追求创新之间寻找平衡的难题。而黑格尔的"艺术终结论"，则让我们思考，艺术的未来究竟会走向何方？这些难题，正是刘勰与黑格尔的观点所带来的挑战。然而，也正是这些难题，激发了我们对文史与艺术的深入思考与探索。他们的观点，让我们看到了历史的复杂与多元，也让我们看到了人类智慧的无尽可能性。在他们的引领下，我们将继续前行，在探索文史与艺术的道路上不断追求真理与智慧。

黑格尔的艺术史观，犹如一座错综复杂的迷宫，其深奥之处就在于他运用了一种独特的"辩证逻辑"，而非传统的"形式逻辑"。这种逻辑使得他的艺术史观充满了"历史性"的色彩，仿佛一幅生动的历史画卷。想象一下，形式逻辑如同一座静止的雕塑，它追求的是同一性，即理念的绝对同一和不变。这种观念在某种程度上催生了古典主义的艺术观，古典主义者如贺拉斯和布瓦洛都坚信"自然"（古典主义者对"普遍本体"的称谓）是恒定不变的"逻各斯"。他们视这个历经千古而不变的逻各斯为理性的终极目标。布瓦洛曾言："古典之所以为古典，正是因为它的永恒魅力，能吸引不同时代和不同民族的人民。古典是变化中的不变者，是理性化的自然本体的化身。"（Abrams，1953：133）因此，对于古典的模仿就是对自然的模仿。但是，在黑格尔的眼中，古典主义艺术观仅仅是一座冰山的一角。他运用辩证逻辑，打破了形式逻辑的束缚，将艺术史观带入了一个全新的维度。他认为，艺术并非静止的，而是随着历史的演变而不断发展变化的。这种变化并非简单的循环，而是一种螺旋式的上升，每一次的变革都是对前一次的超越。

中国的"宗经文论"在某种程度上可以与西方的古典主义相提并论，虽然它们在表面上的话语形态各异，但它们都遵循着"同一律"来设定形而上之不变本体，并将之等同于形而下的具体文本。然而，在黑格尔看来，这种同一律已经过时，它无法解释艺术历史的复杂性和多样性。他倡导的是一种更加开放和包容的艺术史观，它允许艺术在历史的长河中不断地发展和变化，而不是被束缚在某一固定的框架内。此外，在黑格尔的艺术史观中，我们看不到那种"返本归源"的冲动，取而代之的是一种对艺术历史不断发展和创新的追求。这种追求使得他的艺术史观充满了活力和生机，也为我们理解艺术历史提供了全新的视角和思路。

黑格尔的艺术史观，是他整个逻辑历史观大厦中独树一帜的一角。倘若我们深入剖析，不难发现，他对于艺术史的描绘犹如一部细致入微的交响乐，每一个音符都遵循着他对理念逻辑三段论模式的精准诠释。这一模式犹如自然界中的日月星辰，既遵循着"对立统一"的和谐旋律，又按照"由低级向高级"发展的律动节奏。在黑格尔的哲学宇宙中，古典艺术的理念内容犹如一颗闪耀的星星，在有限的夜空中不断追求无限的宇宙。无论是在象征艺术、古典艺术到浪漫艺术的渐进蜕变中，还是在艺术、宗教到哲学的逐步升华里，我们都能感受到那种逻辑必然性的强大力量，那种绝对理念的无可阻挡。正如刘勰所言："百家腾跃，终入环内。"（王攸欣，1999：31）这既是对艺术历史多样性的赞美，也是对其最终归宿的深刻洞见。与黑格尔的艺术史观相比，二者都强调了艺术发展的必然性和规律性，不过黑格尔更注重从理念逻辑的角度去解读和阐述这一过程。然而，黑格尔的理念并不仅仅满足于揭示艺术发展的奥秘，他更进一步地认为，艺术、宗教和哲学之间的辩证关系，就如同上山的路和下山的路是同一条道路一样，它们之间的展开之路就是回归之路。（王德胜，2006：194）这意味着，尽管艺术的表现形式可能多种多样，但它们所追求的真理和绝对理念却是唯一不变的。在这个意义上，我们可以说，黑格尔的艺术史观不仅是一部逻辑严密的哲学巨著，更是一部充满智慧和洞见的艺术史诗。

三、无心与入心

中西形上文论诗学均以形上之设定为基石，欲将形下之创作提升至形上之纯粹境界。而二者间的本质差异，源自中国之原道——自然文论与西方之理念——显现（象征）诗学。中国原道—自然文论坚信"天而不人"的自然真人能在不经意间孕育出自然之文，此如老子所言："大道废，有仁义；智慧出，有大伪；六亲不和，有孝慈；国家昏乱，有忠臣。"（王镛，1998：80）而西方理念——显现诗学则坚信高度理性化的纯粹心灵能深思熟虑后创造出理性之诗，正如柏拉图在《理想国》中所描绘的哲人王。中国道家文化常被视为强调"天人合一"或"人与自然的和谐"（吴予敏，2001：67），这无疑是一种深刻的见解。我们亦不应忽视其背后的"天人对立"之预设。道家所追求的天人合一，实际上是在认知天人对立的基础上，通过修炼与体悟，达到的一种超越性的精神境界。这种境界并非简单的形而下之和谐陈述，而是一种形而上之超越预设。因此，当我们说"天人合一"时，实际上亦在暗指"天人对立"的事实性存在。

中西形上文论诗学在追求形上超越的过程中，虽路径各异，但均致力于探索形下之写作如何通过超越性设定实现形上之纯粹。其中，中国的原道——自然文论强调自然真人的无心之为，而西方的理念——显现诗学则注重纯粹心灵的理性之诗。二者共同展现了形上文论诗学的深邃与魅力。在老庄的文本中，有关"天人对立"的陈述随处可见。"何谓天？何谓人？"北海若曰牛马四足，是谓天；落马首，穿牛鼻，是谓人。（《庄子·秋水》）故而"有天道，有人道。无为而尊者，天道也；有为而累者，人道也。主者，天道也，臣者，人道也。天道之与人道也，相去远矣，不可不察也"（《庄子·在宥》）。在此，"天"作为一个能指，它描述一种与"人"对立的存在状态，反之亦然。也就是说，老庄认定了一种"天人对立"的事实，或认定了两种根本不同的存在状态。（王敏泽，1987：111）

针对现今的问题，即探讨"人"与"天"所指涉的存在状态究竟蕴含何种深意，以及"天人合一"或"天而不人"的理念如何得以实践，若我们暂时搁置道家学说的神秘面纱，可以洞察到，"天"所指的是一种本真的自然状态，这一状态是相对于人的存在状态而被设定和解读的。在道家思想中，人与物之间的本质区别在于：人乃"有心之器"，而物则是"无心之器"。人的存在根植于他自身的精神活动，而物的存在则顺应自然之道。（顾卫民，2005：210）在道家语境中，"心"涵盖了人的意志、愿望、意识、情感等一切非自然的、属于人的机能。正是因为"心"的运作，使得人的存在偏离了本真的"道"。而要达到"天而不人"或"人合于天"的境界，关键在于"去其心"，即"无其心"或"不动心"，"不用心"。庄子所创立的"心斋""坐忘"等修炼方法，便是为了抵达这种"无心"之境。

我们不得不承认，在一定条件下，庄子的修炼方法对于延年益寿确实有所裨益。然而，这样的非人存在状态或物化状态，即不动心的境界，能否成为精神性写作的基础，却是一个值得深思的问题。换言之，我们该如何理解"不用心的写作"或"自然写作"的可能性？为了具体阐述这一问题，我们可以借鉴古代文人陶渊明的创作实践。陶渊明以其"采菊东篱下，悠然见南山"的诗句，展现了他在创作过程中如何摒弃世俗之心，达到物我两忘的境界。这种境界下，写作不再是刻意为之，而是如同自然流淌的溪水，顺应心灵的节奏，自然而然地流淌出来。尽管"天而不人"或"人合于天"的境界对于延年益寿有所裨益，但将其应用于精神性写作，则需要我们审慎地思考。如何在摒弃世俗之心的同时,保持创作的独特性和深度,这无疑是一个值得探讨的课题。然而,正是这样的探索和挑战,为我们提供了更多可能性和空间,让我们在追求"天人合一"的道路上不断前行。

从本质层面审视,"自然写作"的构想或信仰,实则是对"人为写作"的一种升华与超越。借鉴道家的逻辑,人为的写作往往源自心机的驱动,其间往往充斥了"伪"的元素,从而背离了"真"的本质。这样的作品,往往并非真正意义上的"道之文"。真正的"道之文",如同"风行水上,自然成文",无需人为的刻意雕琢。道家所倡导的"真人"神话,实则构成了自然写作的精神基石。在道家看来,理想的作者应当就是这样的"真人"。所谓的"真人",在道家哲学中,其实是一种形而上的"自然人"假设。(肖朗,2000:115)这种"真人"既不是精神性的存在(无心),也不是社会历史性的存在(独化),而是纯粹的自然存在。这里,我们必须清醒地认识到,这种纯自然状态的"真人"在现实中并不存在。正如老庄所言,人之为人,其实是一种非自然的状态。人的心性和社会历史性,正是人之为人的关键要素。人道和天道之间存在着根本性的差异,同样,人文与天文也不能混为一谈。尽管道家对于天与人的差异有着深刻的认识,但在其"道一贯之"(阎国忠,2001:161)的形上信念驱使下,道家却舍弃了它所发现的"事情本身",转而虚构了一个纯粹自然写作的神话。这种盲视,源于道家一厢情愿地认为天与人的差异是可以消除的,并错误地认为消除这种差异后,就能实现"真人"的存在。这种误解,不仅忽视了人的心性和社会历史性,也忽略了自然写作与人为写作之间的本质区别。

若将"纯粹自然写作"视为中华形而上文论的璀璨明珠,"纯粹理性写作"则无疑为西方形而上诗学的璀璨繁星。探寻古希腊的文化脉络,我们发现,前柏拉图时期,希腊的民众普遍信仰着一种观念:那些由神力(灵感)驱动的诗人,其地位要高于那些仅凭技艺创作的匠人。然而，柏拉图的出现颠覆了这一传统观念，他提出了"木匠的床"优于"画家的床"（或"诗中的床"）的理念，强调了"理念"的至高无上性。在柏拉图之前，诗的价值之所以高于技艺，是因为它被认为是非技艺的产物，它源于神力，源于灵感。然而，进入柏拉图之后的时代，诗要想证明自己的价值，就必须证明自身是一门"技艺"。于是，从亚里士多德的《诗学》、贺拉斯的《诗艺》到布瓦洛的《诗艺》，西方的学者们前赴后继，力图通过严谨的论证和实践的展示，证明创诗不仅是一门技艺，而且是一门深邃而高超的艺术。

举例来说，亚里士多德的《诗学》深入剖析了诗的结构、节奏、韵律以及情节构建，他指出诗是一门需要精细打磨和深度理解的技艺。同样，贺拉斯在《诗艺》中也强调了诗的严谨性和技艺性，他认为诗不仅仅是情感的表达，更是对生活和世界的深度理解和艺术再现。这些论述都在为创诗的价值正名，为诗的技艺性辩护。而在这样的背景下，我们可以看到，无论是东方的"纯粹自然写作"，还是西方的"纯粹理性写作"，都在各自的文化土壤中孕育出了独具特色的形上文论和形上诗学。这种文化特色和价值追求，既体现了人类对于艺术的共同追求，也反映了不同文化背景下的独特理解和价值判断。

"技艺"之所以在柏拉图和亚里士多德等古代哲人的眼中被赋予了比灵感更高的地位，是因为他们坚信技艺源自人的内在心灵或理性。与此相对，灵感往往被视为一种非理性的产物，源自某种深不可测、难以名状的神秘力量。不同于诗人依靠灵感产生的瞬间冲动进行创作，技艺家则是基于对某一普遍事物（理念）的深入理解与知识，进行有条不紊的制作。亚里士多德在其著作中曾写道："技艺产生于通过经验积累形成的对某一类对象的普遍认知。"（Eagleton，2005：99）这种对普遍性的探求与理解，正是技艺与真正的"理性"相结合的独特创造力。亚里士多德与柏拉图在某些观点上存在差异。他认为，那些被誉为伟大的诗歌作品，并非单纯依赖于灵感的闪现，而是同样建立在"理性"的基础之上，与哲学和技艺一样，它们都是对事物内在规律的探索和表达。因此，他提出："诗人需要的并非狂热的灵感，而是敏锐的天赋。"（Eagleton，2005：102）这里的"天赋"，实际上是指一种经过高度理性化的才能。正是基于"诗"所蕴含的理性本质，使得"诗学"作为一门科学成为可能。它不再仅仅依赖于诗人个人的灵感与情感，而是建立在严谨的逻辑推理和对事物内在规律的探究之上。这样的"诗学"，不仅能够解释和指导诗歌创作，还能够揭示出诗歌与人类理性之间的联系。

亚里士多德的《诗学》无疑是西方诗学历史上的一块里程碑，它以深刻而系统的阐述，首次为"理性诗学"定下了基调，成为解析诗歌艺术的奠基之作。自此以后，诸多探讨诗歌艺术的文本如雨后春笋般涌现，其中尤以贺拉斯与布瓦洛的《诗艺》最为脍炙人口。贺拉斯在《诗艺》中，明确提出了写作成功的关键：判断力。他将判断力视为创作的起点与源泉，认为它是诗人创作过程中的重要指引。换句话说，只有当诗人拥有敏锐的判断力时，他的作品才有可能触及到真理的核心，从而引起读者的共鸣。同样地，布瓦洛在《诗艺》中也强调了理性在诗歌创作中的重要性。他告诫诗人，首先要热爱理性，因为只有理性的光辉，才能赋予作品真正的价值与魅力。他的这种观点，实际上是在强调诗人需要具备一种理性的视角，以便更好地洞察和表达世界。（聂振斌，1984：156）

在西方形而上学的框架下，"理性"被视为人类心智的一种独特能力，它能够洞见并表达最高存在者，如理念、普遍本质等。与此同时，"感性"则被视为与"理性"相对立的概念，它更多地关注于个体的直接经验和感官印象。进一步地，"理性"还被视为一种从外部感知（感性）向内在理知（理性）转化的过程，这一过程被形象地称为"入心"或"入思"。在这种理解下，中西形上文论诗学的差异就显得尤为明显。中国的"自然本体论"将"道"的本性设定为"自然"，强调理想的写作模式应该是"无心自然"的结果；而西方的"理性本体论"则将"理念"的本性设定为"理性构成"，认为理想的写作模式应该是从感官经验中超越出来，达到理性的心灵洞观。（汪毓和，2005：41）据此，不难看出，中西方的写作理想在很大程度上受到了各自文化传统的影响。中国的自然文论更加关注于作品与自然的和谐统一，追求一种无心而发的自然美；而西方的理性诗学则更加注重作品的逻辑性和内在结构，追求一种通过理性思考来洞见真理的深度美。这两种截然不同的写作理想，为我们提供了两种不同的审美视角，让我们在欣赏和理解文学作品时能够拥有更加广阔的视野和更加深刻的体验。

在西方诗学的殿堂中，马拉美以其独树一帜的风格将"纯粹理性写作"推向了极致。他心中的终极真实，不是那些瞬息万变的个别事物，也不是日常琐碎的语言所能描述，而是一种超越尘世的"理念秩序"。这种秩序，他认为，与"纯粹的语词秩序"（Thickstun，1988：147）有着异曲同工之妙。与此同时，在遥远的东方，中国的自然文论却以"天道合一"的哲学为基础，设想了一种超脱凡尘的"自然状态"。在这种状态下，"纯粹的自然写作"应运而生，成为表达这种自然状态的最佳方式。与此类似，西方理性诗学则在"理念–观念–语词三位一体"（Selden，2004：117）的框架下，设想了一种抽象的"观念状态"，而"纯粹的理性写作"则是对这种状态的最精准诠释。

无论是东方的"纯粹自然写作"还是西方的"纯粹理性写作"，它们的真实性都依赖于各自的形而上预设。然而，当这些形而上预设被现代思想所颠覆时，它们的真实性也随之烟消云散。20世纪的西方反"逻各斯中心主义"思潮便是对这一形而上预设的有力挑战。一些西方思想家通过对语言事实的深入分析，发现语词、观念、哲理之间并非一一对应的逻辑关系，那种所谓的永恒不变的"终极所指"在现实中并不存在。除此之外，对于"理想语言"的追求也屡屡碰壁，证明了超语言的存在只是一种幻想。一些思想家甚至还从"无意识心理学"和"存在的历史性"（Moore，1903：124）的角度入手，揭示了"纯粹心灵""纯粹主体""纯粹理性"等概念的虚幻性。他们认为，人在写作时总是在其感性的丰富性和历史的复杂性中挣扎，所谓的"纯粹理性写作"只是一种理想化的虚构，在现代思想的审视下都显得苍白无力。这种对于言述真实性的反思和质疑，不仅挑战了传统的文学观念，也为文学创作带来了新的可能性和空间。

第五章　中华传统美学走向世界的有效性和出路

　　作为和比较诗学有着诸多联系的学科，世界文学与中国文艺理论之间的跨文化交流是中国文论走向世界的另一块学术园地。多年来，这块园地的研究工作主要包括以下几个方面：其一是世界主义概念的提出与世界文学理论的研究；其二是对中国文艺理论思潮特别是中国传统诗学、现当代文学在海外的译介和传播的研究及推进；其三是身体力行、以自己的方式加入到世界比较文学学术的前沿，让国外学界听到中国学者的声音。而贯穿这三个方面的主线，则是比较文学与世界文学学科建设所大力倡导的理解与对话精神。

第一节　中国诗学传统国际软实力的提升

　　本小节所深入探讨的"中国诗学传统"，不仅是 21 世纪中国美学与文艺研究的中心议题，更是一种绵延百年，蕴含着深厚美学思考与艺术精神的传统。近年来，随着学界对其日益增长的关注，这一传统成为探讨中国美学与现代性之间关系的核心。然而，目前的研究多从单一角度切入，未能全面揭示其丰富内涵。因此，提升中国诗学传统在国际舞台上的软实力，需要我们系统地探讨其学术脉络、历史语境、哲学基石以及理论内涵，把握其理论特性与价值，并对其在当下的新发展给予应有的重视。

经过笔者深入研究和论证,"中国诗学传统"可视为中国现代人生美学与文艺美学理论建构的一种独特形态。它并非仅仅从纯美学的视角关涉诗学理论的核心问题,而是将文学批评的语言表达视为人的生存方式以及民族文化的系统精神显现。在理论基础方面,现代新儒家的生命本体论为其提供了坚实的支撑,使其能够融合中西古今的学术资源,在中国现代民族文化精神的建构中发挥了不可或缺的作用。(李汝信、王德胜,2004:160)比如,唐代诗人杜甫的诗歌便充分体现了中国诗学传统的精髓。他的诗歌不仅表达了对社会现实的深刻关注,更通过诗歌的形式和意象展现了中华民族的精神面貌。在杜甫的诗歌中,我们可以感受到那种深厚的人文关怀和对生命本体的深刻理解,这正是中国诗学传统所强调的。所以,我们可以坚信:"中国诗学传统"作为中国现代美学和文艺研究的重要组成部分,不仅为中国美学的现代性发展提供了重要的理论支撑,同时也为我们理解和把握当代中国艺术和美学精神提供了独特的视角。虽然其理论体系中还存在一些不足,但这些不足正是激发我们进行理论创新和超越的动力所在。

一、历史地位与现代诉求

中国文论的诗学传统,无疑是 21 世纪中国美学与文艺研究的建构根基。这一独特的文论形态(美学思潮),源于晚清民初的文艺批评文化土壤,经由 20 世纪 30、40 年代的纵向拓展,最终在 50 年代以后开始向海外传播、播撒智慧之种。改革开放后,中国大陆更是见证了其复兴的壮丽景象。中国诗学传统,作为一场具有深厚民族精神和文化情怀的美学追求,诞生于五四运动之后。那时,一批矢志不渝的国学学者致力于重建中国诗学的现代文化精神和美学精神。正是在

第五章　中华传统美学走向世界的有效性和出路

这样的背景下，中国诗学传统应运而生，它以现代新儒学生命本体论哲学为坚实的哲学理论基础，呈现出中国美学史和艺术史的独特面貌。在这一学术旗帜下，众多优秀的人文学者汇聚一堂，共同探索中国文化的博大精深。他们取得了大量具有原创性的理论成果，不仅丰富了中国现代美学和文艺研究的理论体系，更为我国当代文艺学和美学界注入了新的活力。如今，中国华夏美学的诗学传统已发展成为一个现代人文学术的新"话语"，并在绵延百年的专题探讨轨迹中益发成为学术界的另一热点议题。它不断吸引着国内外学者的目光，引领着中华美学和文艺研究走向更加广阔和深邃的领域。它不仅代表着一种独特的学术追求和理论建构形态，更是推动中国现代人文学术不断向前发展的一股重要力量。

在 21 世纪的学术天空下，中国文论史中出现了一颗璀璨的明星，那便是"中国美学传统"的学术谱系研究。此研究，不仅糅合了东西方的学术精华，还巧妙地链接了古今的学术脉络，打破了时空的界限，赋予了中国传统美学思想全新的生命力。通过深入地剖析与创造性地融合，它不仅激活了古典美学的活力，还为其现代转化注入了源源不断的动力。与此同时，西方美学思潮的中国化也在这一过程中得以实现，两者的对话与碰撞为我们的学术领域带来了丰富的思想资源和深刻的启示。通过这样的比较研究，我们发现中西方在美学文艺领域内有着许多共通之处，但也存在着各自独特的魅力。这种跨文化、跨学科的交流与对话，不仅促进了学术的繁荣，也为我们提供了一个可以不断回望和创新的学术资源。通过这样的努力，我们期望能够在中西美学的交汇点上找到新的整体式理论图绘的学术生长点，为推动当代中华美学研究的深入发展贡献自己的力量。（牛宏宝 等，2001：201）

回溯文论史的发展长河，晚清民初时期犹如一块磨砺的砥石，中国诗学的主流思潮，犹如遥远的星空中的明亮星辰，以超前的眼光和

中西文论对话版图中的中华美学基因传承与当代表达研究

独特的视角，探讨着文学的精神建构问题；同时，也孕育出了一群坚信国家的强盛与民族的振兴，首先需要激发的是那份独特的民族文化精神与国民坚韧的人格力量的思想先觉者。在这些思想巨子中，梁启超、王国维、鲁迅等人无疑是最为耀眼的几颗。他们深知，国家的根基在于人民，而要振兴国家，首要之务便是塑造具有高尚精神的人民。文学艺术和美学哲学在这个过程中，发挥了不可或缺的作用。他们的思想和理念，可以说是20世纪"华夏美学传统论"的先声。以梁启超为例，他提出了美学上的元气说、哲学上的惟心说、文学上的新民说和文化上的趣味说，深入阐述了文学价值与美学品格之间的紧密联系。他在《国民十大元气论》一文中，明确强调了精神文明的源头作用，认为只有从精神层面入手，才能真正实现国家的文明和进步。同样，王国维在《文学与教育》一文中也表达了类似的观点："生百政治家，不如生一大文学家。何则？政治家与国民以物质上之利益，而文学家与以精神上之利益。夫精神之于物质，二者孰重？且物质上之利益，一时的也；精神上之利益，永久的也。"（聂振斌，1991：101）他强调了文学家在塑造国民精神方面的重要作用，认为文学家所给予的精神利益是永久而深远的。鲁迅则更加强调了人的"精神"与人格独立的重要性。他深刻地指出，一个人的精神力量，决定了他的思想和行为方式。一个拥有独立人格的人，才能在困厄面前坚韧不屈，才能在挫折面前保持清醒的头脑和坚定的信念。

鲁迅先生在《摩罗诗力说》一文中，也认为，文学的本质在于"兴感怡悦"，能够涵养人之神思，这就是文学艺术"职与用"的功能体现。他强调，文学应该能够振奋人的精神，向世界展示中国人的伟大和美好。这些思想巨子的理念和观点，为我们提供了深刻的启示。他们让我们明白，文学艺术不仅仅是表达情感和思想的工具，更是塑造国民精神、推动国家文明进步的重要力量。他们的智慧和见解，成为中国现代文学和思想的重要先声。将继续指引着我们在追求精神文

第五章 中华传统美学走向世界的有效性和出路

明的道路上不断探索和前进。(杨河、邓安庆，2002：42)

确实，首次明确提出"中国美学传统"这一理论术语的是深受五四精神熏陶的学者宗白华。然而，在宗白华之前，另一位现代新儒家方东美，深受五四文化诗人气质的独特熏陶和影响，在1931年发表了《生命情调与美感》一文。在这篇作品中，他深入探讨了生命艺术、存在美感与宇宙人生观之间的紧密联系，为中国诗学的探讨开辟了新的视角。因此，我们可以将宗白华与方东美并列为20世纪"中国美学传统"理论的先驱者。宗白华的"中国美学传统"研究，致力于探寻中国诗学精神的文化走向，这不仅是他毕生的学术追求，更是他对文学艺术话语独特性的执着追求。身为五四运动的传承者，宗白华的美学思想和文艺学术观念深深扎根于五四新文化运动的内在能量中，并随着他对新文化诗学运动专题认识的不断深化而日益丰富。他对西方哲学有着深入的研究，特别是对叔本华、柏格森的生命哲学和对康德的唯心哲学探讨颇丰。他赞扬了希腊文学研究和欧洲文学艺术以其特有的想象思想建构了人类历史的存在方式，认为这才是表现生命之"动"的艺术审美精神，即真正的艺术灵魂。此外，在德国留学期间，宗白华先生也观察到了"东西文化对话交流"的现象，这使得他对中国诗学文论体系的美学基因有了更深刻的认识。因此，他更加专注于对中国古典哲学和美学的研究，致力于发掘和传承中华文化的独特魅力和精神内涵。通过他的努力，不仅丰富了"中国诗学传统"的理论体系，更为世界文化多样性做出了重要贡献。

在20世纪的30、40年代，宗白华的笔触下流淌着对中国古典哲学、唐代文化，特别是魏晋时期绘画美学自由人格精神的崇高赞美，并致力于深入探索中国古代艺术的生命哲学精髓和进取精神。他对中西哲学方法"辩证法"的系统研究，体现在《形上学——中西哲学之比较》中。值得注意的是，宗白华先生在20世纪30、40年代所撰写的关涉中国诗学传统的系列美学论文，观点互为补充，相互印证。这无疑反映了宗白华的美学思想从人的生命发端,再到与宇宙生命生动交融的演变历程。

在这一时期,宗白华的美学研究迈入了一个崭新的创构阶段,即贯通"潜诗学"和艺术意境论的阶段。他强调,艺术家的美学涵养对于"诗之美"的艺术创造具有至关重要的意义。在宗白华看来,艺术的最高意境不仅是中国文化中壮阔幽深的宇宙意识和生命美学的象征性显现,更是生活的诗意和宇宙大生命精神的生动展现。宗白华的中国艺术意境论,与其中国哲学形而上的研究,相辅相成、相互辉映,鲜明地展示了中西艺术精神融合的美学价值与人文取向。至此,华夏美学文艺思想的理论雏形便诞生了。(袁济,2006:52)

二、美学特质与诗性品格

方东美先生,这位现代新儒家的杰出代表,其构建的"生生之德"理论,巧妙地融合了柏格森的"创化论"、怀特海的"生成论"以及中国儒道易佛的传统生命哲学观,形成了独特而深邃的哲学体系——生命哲学本体论。周知,在方东美的艺术精神论视野中,中国美学不仅是关于美的艺术,更是一种生命美学。他坚信,中国美学所追求的"生生之美",正是这种"生生之德"的具体体现。这种美,不仅表现在文学艺术的字里行间,更体现在普遍生命的流动与创造之中,犹如盎然生意与灿然活力的交织,使得生命本身成为一种美的创造和展现。他进一步阐释了中国文化"诗之美"中的"艺术精神",强调了先哲们所倡导的"人的精神气象起源于天地上下同其流"的对话理念与崇高精神。方东美认为:"中国古代的先哲们视宇宙为一个充满生命活力的整体,这个整体既包含了物质的层面,也涵盖了精神的领域。"(章启群,2005:32)这种宇宙观,与西方哲学中将物质与精神二元对立的观点形成了鲜明的对比。中国先哲的宇宙观,是一种

第五章　中华传统美学走向世界的有效性和出路

"万物有生论"（周锡山，1992：42）的宇宙观，认为宇宙与人生是紧密相连、浑然一体的。在这种宇宙观的指导下，中国人倾向于将人与宇宙大化浩然同流，看作是哲学思考的核心。这种宇宙观，不仅具有道德性，更具有艺术性，因此，它也成了价值领域的重要组成部分。方东美的艺术精神论，为我们提供了一个全新的视角来审视和理解中国美学和文化。通过深入挖掘"生生之德"生命哲学的内涵，他不仅丰富和发展了中国美学的理论体系，也为我们在现代社会中寻找生命的价值和意义提供了宝贵的启示。

诚然，中国哲学的核心，是一种博大而和谐的生命精神。这种精神被方东美教授在20世纪的中国美学阐发领域中进行了深入的实践与挖掘，他特别赞美了中国古典文论对于生命创造力的崇尚以及华夏美学对于宇宙大生命精神的颂扬。就这个意义而言，"诗中的诗学"（宗白华，1994：110）是人类创造艺术灵感的直接体现，都源自文艺作品中的文艺思想对生命气象的感悟和转化。这种深入内在的生命精神和艺术理念，与西方文论中论述孤立的个人生命姿态有所不同，它关注的是全体生命之美的盎然生机和生动活力，更注重艺术生命之流的仁爱之心的集中体现。这恰恰体现了中国艺术独特的人文主义精神和"美美与共"情怀。

方东美教授与宗白华教授同为"中国诗学美学传统"的杰出理论代表。在他们看来，中国的哲学、文化与艺术都深深烙印着人类记忆的生命精神。这种美学精神既是中国哲学的文化精髓，亦是中国艺术的崇高灵魂。他们在诗哲学术上相互影响，在思想旨趣上交融互摄，共同追求周易美学的哲思之境，也强调"生生之美"的学术理念。不过，他们的美学研究侧重点有所不同。方东美教授更注重通过感悟宇宙人生，来体验"生生之德"的诗意本性或内在创造力。而宗白华教授则更重视"生生之理"的艺境塑造，更善于在诗艺中探索生命美感与宇宙合一的节奏或条理，从而达到"诗器合一"或"道艺合一"的

生命哲理境地。(爱德华·霍尔，1991：39；译者刘建荣)

中华美学的精神魅力，作为中国古典文论体系的思想根基和文化本原，源远流长，深深植根于中华民族的文化传统之中；既体现了中国古代艺术家对美的独特追求，也彰显了中华民族的文化自信和审美智慧。这种形式与内容、技巧与情感的"和谐之美"，既体现在各种综合艺术形式的精致与和谐上，也体现在其情感表达的丰富与深刻上。它的核心追求以其独特的艺术魅力和深刻的美学内涵，成为中国古典艺术宝库中的璀璨明珠。在今天这个多元文化交流与融合的时代背景下，依然具有重要的现实意义和价值。它为我们提供了一种独特的承载着中华民族丰富文化传统和审美智慧的自信视角，去理解和欣赏中国古典艺术，去从容面对世界文化的交流与融合。

在学术界，方东美被誉为"诗哲"，他对艺术的生命本质和价值进行了深入的研究，他的工作巧妙地将艺术、宗教和哲学融为一体。他以深邃的洞察力，引领我们理解艺术不仅仅是一种表达，更是生命存在的现实能力的展现。因此，方东美先生的美学研究成果，致力于揭示诗学技艺所蕴含的理性价值和生命气象，尤其是对中国诗学人文主义的精神关怀，更是无语附加。另一方面，宗白华先生将美学和艺术学紧密相连在一处，也深入探索了华夏美学的诗化特质和哲思样态。宗先生强调，中国传统艺术的精神和意境与"道"的关系密切，他致力于通过构建艺术意境论来弘扬中国的诗学传统。再次，宗白华与现代新儒学之间的关系值得我们进一步商榷。在哲学中的诗学类型上，宗白华深受梁漱溟、熊十力、张君劢等现代新儒家哲学派的"艺术至美"之影响。而在美学领域，宗白华的美学理念对第二代新儒家学者以及后来的文学批评家们也产生了深远的影响。这种影响不仅体现在他们之间的学术交流和碰撞，更在于他们共同对中国传统文化的热爱和坚守。方东美和宗白华两位学者在艺术和美学领域的研究各具特色，但都致力于弘扬中国传统文化和精神。他们的学术成就不仅为

第五章　中华传统美学走向世界的有效性和出路

我们提供了丰富的理论资源，更激发了我们对中国传统文化的敬畏和热爱。在未来的学术研究中，我们应继续深化对中国传统文化的理解，发掘其内在的精神价值，为推动人类文明的发展做出更大的贡献。（海德格尔，2018：51；译者陈嘉映、王庆节）

中华美学的文化谱系，涉及中国传统文化的精神起源、发展脉络、哲学根基以及展现样态。中华美学推崇的艺术文学之精神，与中国古代先哲先贤们的自然宇宙观、生命价值观以及人生百态的社会文化形态紧密相连。这种诗意的文学精神实际上是人的内心情感在自然界和感性声色中的直接客观化，并通过文字符号得以传达。因此，通过研究中华美学和文学艺术，我们能够更加容易地理解中国文化的精神内涵。以中国古代的各类艺术体裁为例，它们的精神层面彼此之间相互影响和渗透，共同构建了一个丰富多彩的艺术世界。在这个世界里，每一种艺术都有其独特的表现力，同时也能容纳其他艺术的精神元素，从而丰富自身的内涵。这种艺术之间的相互涵摄，正是中国文化精神的独特体现。唐君毅还强调了中国文学艺术精神与西洋文学艺术精神之间的差异。他认为："中国的文学艺术具有一种优游之美，能够让人的精神沉浸其中，游心于艺术的世界。"（斯宾诺莎，1958：124；译者贺麟）这种优游之美使人在欣赏艺术的同时，也能够体验到一种心灵的愉悦和生命精神的涵育。可见，这种对万物起源的思维同源艺术，不仅仅是一种审美感知的观赏对象，更是一种能够滋养人心灵的所在。在唐君毅的阐述中，"藏修息游"这一概念被赋予了深刻的内涵。它不仅代表了一种心物交融的审美情感体验，更体现了一种对完满的生命所追求的另一精神境界。这种境界是中华美学文化精神的重要组成部分，也有助于我们在欣赏中国艺术时更加深入地体验到其中的精神价值和生命意义。

中国艺术，无论是绘画、书法、陶瓷还是音乐、舞蹈和戏曲，均蕴藏着使人沉浸其中、流连忘返的深邃境界。这种境界，恰如其分地体现了中国传统诗学的核心精神，也即那份无拘无束、自由往来的艺术气质。中国艺术之美，在于其独特的虚实相映，它像是一个无尽的空间，既包含实体，又包含虚空，让人的心灵在其中自由穿梭、驰骋。这种"可游"的艺术精神，正是中国艺术之精髓所在。它不仅仅体现在绘画的笔墨之间，书法的行草之间，更体现在音乐的高低起伏、舞蹈的腾挪跳跃以及戏曲的唱念做打之中。这种虚实相涵的艺术形式，使得人们在欣赏的过程中，能够感受到一种回环往复、悠扬深远的美。中国艺术，对于中国人的精神生活具有特殊的意义。它不仅是一种审美的对象，更是一种生命的归宿。（道格拉斯·凯尔纳，2008：85；译者游建荣）在艺术的世界里，人们可以找到心灵的寄托，感受到生命的脉动，进而开拓人的思想境界、提振人的精神力量。因此，中华美学随即成为中国人的精神家园，是我们每个独立的生命个体在忙碌和疲惫的生活中寻找慰藉和力量的源泉。

不仅如此，唐君毅先生对中国艺术精神的阐发，是对孔子、庄子等先哲审美精神传统的现代转化。他在《人文精神之重建》一书中，深入探讨了孔子和庄子的艺术精神，指出以孔子为代表的儒家艺术精神在于道德的涵养，以庄子为代表的道家艺术精神则在于纯粹的审美体验。这种对艺术精神的解读，无疑是对中国诗学传统的一种深入阐扬。在唐君毅看来，中国诗学传统的根源在于中国人的人格精神。从自然美到器物美，再到艺术美，最终升华为人格美，这是人的生命精神不断上升的过程，也是道德自我或心之本体不断超越的过程。中国艺术不仅仅是形式和技巧的展示，更是人格精神和道德追求的体现。这种精神追求，使得中国艺术具有了独特的魅力和生命力，也使得中国人在艺术的熏陶下，得以提升自我、完善人格。（鲍姆伽通，2006：101；译者李醒尘）

中国诗学的美学传统，堪称是世界诗学艺术精神论的一颗璀璨明珠。它为新时代人类文化的儒家支柱注入了新的生命力，并以独特的

第五章 中华传统美学走向世界的有效性和出路

视角和深度，细致解读了思想史、文化史、美学史和艺术史互融互通的人文情怀。而在这些领域中，西方文化重科学，中国文化则在道德和艺术研究上更胜一筹，其价值和意义不仅体现在历史的长河中，更在当今社会乃至未来继续发光发热。中国文化实质上是一种"心的文化"（威廉·巴雷特，1995：187；译者杨照明、艾平），中国诗学传统的深入阐释，详尽地探讨了中国古代心性哲学和道德精神的内涵与外延，并在中国人性史论的挖掘基础上建构起了中华美学艺术精神的奥秘。这一情感思想的核心植根于中国传统文化中孔子的"仁"和庄子的"道"。"大乐必简"和"无声之乐"的"仁心"源泉，实际上指的是宇宙起源及其变化的方式与"仁"达到完美融合的人生至纯、至净、至和、至静、至美的纯甄状态。这既是中国文化生命艺术的最高境界，也是中国古典诗学的最高文论境界。这种自由解放的精神境界是一种"弘大而辟，深闳而肆"的纯艺术之自由精神，不仅为我们提供了认识和理解中国文化的新视角，更为我们在现代社会中继续传承和发扬儒家文化提供了有力的思想武器，也向世界诗学的宏伟蓝图展示了中华美学艺术精神的深厚内涵和独特魅力。（郑工，2002：44）

深入探究中国古代的哲学艺术，不难发现孔孟之道与老庄之学在艺术精神上呈现出截然不同的风貌。孔孟的仁心，是对人性本善的坚持，是对道德理想的追求，是一种全然投入、毫无保留的道德心。以孔子为起点，仁心成为艺术创作的内在动力；孟子则进一步提出了四端之心，将道德心深化为人性之根本，由此推动了中国古代艺术道德精神的觉醒。相较之下，老庄之道则更多地指向内心的虚静，追求对天地万物之理的体悟，体现出一种超越现实的艺术精神。庄子提倡的虚静之心，主张摆脱尘世的纷扰，回归内心的宁静，这种思想在中国的山水画艺术中得到了最纯粹的体现。孔子与庄子，一者是中国诗学传统的发现者，一者是中华美学纯生命艺术的发现者。孔子的诗学精神在后来"文以载道"的古文运动中得到了充分的体现，而庄子的纯生命艺术之精神则在山水画的艺术实践中得到了最直接的体现。二者虽路径不同，但殊途同归，共同之处在于：他们的艺术观念都是为了追求人生的艺术化，只不过儒家更侧重于道德的艺术人生，而道家则更偏向于虚静的艺术人生罢了。(邹华，2003：126)

中华美学的诗学传统研究，正是基于对上述两者的深入理解与比较。这一辩证哲思的审美观点，不仅深入探究了儒家与道家在艺术精神上的异同，更从现代新儒学的视角出发，重新审视了中国古典文论诗学传统的衍变轨迹。这种跨学科的研究方法，不仅能从丰盈的世事思考中引申出现代新儒学视域下中华美学文艺思想对人生问题的追问与回答，也推动了 21 世纪中国诗学传统文论研究与发展的新纪元，对世界诗学艺术精神的延伸与发展也产生了深远的影响。

三、多元共生与理论创新

在 20 世纪，"中华美学"文论传统的提出和确立如滚滚春雷，震撼了全球学术界的核心。在中华大地的文学批评家中，这股风潮得到了热烈的响应。特别值得一提的是青年批评家李长之，他独具慧眼，率先倡导"中国古典文论批评精神"这一理念，并将其贯穿于他的批评实践中。李长之教授的文字，犹如一把锐利的剑，直指文学的心脏，用批评的眼光挖掘作品的内在价值。随着这股风潮的扩散，港台文学批评家、海外华人文学批评家以及海外汉学家们也纷纷加入到这一行列中。这些批评家，用自己的方式解读和传承着中国的诗学传统，共同构建了"中华美学"文论传统谱系中的批评范式。与此同时，"中国诗学"传统论谱系中的美学研究范式，也在理论的舞台上崭露头角。他们从中华美学的诗学传统中汲取养分，形成了自己独特的美学观点和艺术理论；在评论某部古代诗歌作品时，不仅从诗歌的韵律、意象等外在形式进行分析，还深入探讨了作品背后的文化内涵

第五章　中华传统美学走向世界的有效性和出路

和人文精神，从而揭示出文学作品与美学传统之间的联系。这种跨文化的对比研究视角，让读者在欣赏西方文学的同时，总能够从中国的诗学传统中找到共鸣点，从而也能够感受到中国传统文化的魅力，还让我们看到了传统与现代之间的联系，而这种中西文论相结合的联系纽带正是我们研究和传承中国传统文化的重要基础。

在中国古代，宇宙被视为一个充满生机与活力的伦理世界，一切都处于变化之中。人们在这个世界中，用直觉审美的方式与宇宙"大我"息息相通，与自然万物的生命力和谐共生。中国美学精神的内涵，致力于艺术理论的核心意义研究，其真谛在于造成一个和谐"曲调"，从而构成整个艺术的美生成法则。这种超越功利、忘却自我的美学精神，与形而上学的存在真理紧密相连，是成就任何伟大事业的判别基石。（郑元诸，2003：127）中国古典文论的美学取向便是这种生机勃勃、连续不断的生命精神，孔子的思想便是这种美学精神的杰出代表。中华新美学的建设，是文化传承教育中最为重要的一环。它有助于人类在精神上得到拓展和充实。这种美学思想的拓展，并不是简单地延续古人的美感教育，而是需要在新的形而上学基础之上，建立起源于内心深处领悟的新式人文主义美学思想体系。新审美人格教育思想和艺术生命精神理论的传承与发扬，格外注重人类存在在精神世界里对"真理"的探求，同时也在培养新人类、建设新国家中的重要作用，为我们提供了一种全新的视角和思考框架。除此之外，我们还应对美学精神在世界文学批评中的应用寄予厚望，积极倡导将中华诗学传统的美学精神融入到文学批评实践中去，并在文学批评实践的具体应用中，坚持以各种各样的分析法，对万物与灵魂的构成进行"美"的阐释。

再者，中华美学的批评精神，并不仅仅是一种学术活动，更是文艺批评家内心理想精神的自然流露与追求应用。这种批评精神，是一种深入艺术真理骨髓的文艺理想，阐释了一系列以"感情的型"（爱

中西文论对话版图中的中华美学基因传承与当代表达研究

德华·萨义德,1999:119;译者王宇根)作为批评活动的最高文艺标准,以及人们对文艺本质洞察力的寻求与见解。在这些文艺美学理想的作品实践中,中国文学史上的诸多伟大人物,如司马迁、陶渊明、李白和鲁迅等,他们的人格精神在他们本人的笔下熠熠生辉。当我们回顾20世纪"中国诗学美学传统"论的兴起时,我们不得不将其置于一个更为宏大的历史背景中加以审视。这一理论的形成,深受五四新文化、后五四文化和现代新儒学思潮的影响,是中国传统文化在面临世界诗学剧烈社会变革时期的文类产物。它不仅是对19世纪末以来西方文论中国化趋势的一种文化反应,更是20世纪中国人文知识分子在面对传统文化危机时所做出的一种"重新认识自己和周围世界"(爱德华·霍尔,1988:27;译者何延安等)的策略性选择。因此,中华美学与世界诗学的对话形式,在整个21世纪中国现代化文化格局重塑的过程中占据了举足轻重的地位。自近代以来,中华民族历经了前所未有的巨大变革。五四新文化运动期间,自由主义与激进主义两股风潮盛行,它们共同构成了这场运动的主流。而在这场运动的余波中,中华美学的现代新儒家思潮开始崭露头角。作为一种文化主义的新兴代表,它希望通过深度挖掘中国古典文论的诗学传统,寻找一条"兼容并蓄"的学术道路来应对现代化文化进程中的种种挑战和困境,以便能为中国民族文化的承继与发展提供一条多元化的弘扬之路。

"中国梦"的核心文化力量,是一场对中国传统文化的深刻改造和全面复兴。"重新估定中国传统文化价值"的新理念,显得尤为深入人心。中西文论的对话关系,也引起了世界诗学文论版图对中国传统文化未来发展的新构想。它们对中国传统文化现代化转型的反思和反响,标志着中华美学传统文化在现代性诉求中的多元发展和复杂演变。这一"重塑中国文明形态"(维特根斯坦,1996:128;译者李步楼)的文化兴起潮流,试图在保持中国文化精髓的同时,吸收西方文化的有益元素，不视传统与现代化为对立的双方。相反，它坚信中华美学与现代生活、科学与西学之间的和谐与融合是可能的。而世界诗学的学术构建背景，侧重于运用西方生命哲学的理式世界、德国精神哲学和现象学的艺术理念，与中国的传统文化相互激荡，力求在中国古典文论的现代化文化转型熔炉中提炼出独特的价值体系。中华美学的基因传承，是要在保留传统文化精髓的同时，实现文化的创新，消解传统与现代之间的冲突，寻找中华美学的新出路。这不仅是为了避免西方现代性带来的种种弊端，更是为了凸显中国民族文化的主体性，重新发掘中国优秀传统文化的现代价值。中西文论对话版图中的中华美学基因传承与当代表达研究，并不是简单的文化复古，而是对传统的一种创造性的转化和重塑。

中华美学的基因传承理念，如"天人合一""内在超越""道德理想主义"和"生命哲学"等观点，都是对中国传统儒学精髓的现代式解读和艺术发挥。这使得中华美学的现代化转化，不仅与五四新文化运动一样，成为21世纪中国文脉的重要组成部分，同时也与中国文论、世界诗学的现代性文化建构息息相关。至此，不难看出，中华美学是一种具有中国智慧的新现代性哲学传统和新心性主义。正是有了中华美学现代思潮的引领和激发，新世纪的世界诗学现代艺术精神论才得以形成，而"中华美学"传统文论的影响力和传播力，也在其后的蓬勃发展重建中再次阐明了中国智慧的普世价值。（张辉，1999：128）

在21世纪的文论学术舞台上，中华美学的生命哲学观，为世界诗学文艺本质论的构建提供了坚实的哲学本体论基础。这一诗学的中国文化传统，它的滋养来自五四新文化以及后五四时期的多元文化氛围，特别是现代新儒学的思想启迪。现代新儒学的美学概念，不仅与这一诗学传统相互辉映，更在现代中国美学研究领域内展现出其独特的魅力。从宏观视角看，现代新儒学实质上是一种诗性哲学，它借鉴

中西文论对话版图中的中华美学基因传承与当代表达研究

并深化了宋明新儒学的内圣之学,特别是对心性之学的理解与发挥。它们的生命本体哲学(也可称为价值形而上学),对中国诗学的美学价值观产生了深远影响。以梁漱溟先生为例,他在《东西文化及其哲学》一书中深入阐释了中国文化哲学和人生哲学的根本精神,即"意欲自为、生命直觉、调和持中"(叶嘉莹,1997:35)。张君劢在《人生观》和《再论人生观与科学并答丁在君》等作品中,则提出了新玄学理论,该理论强调与科学不同的"主观、内在、直觉、自由意志"(张本楠,1992:205)等要素。熊十力教授在《新唯识论》中更是独创性地提出了"生生不息""天人合一"的生命哲学。而"生生之德"的生命哲学,也为中国诗学的人生哲学传统注入了新的活力。这些现代新儒家的思想贡献,共同丰富了新世纪"中华美学"诗学传统的哲思内涵,使之焕发出时代的伦理光彩。

在某种程度上,可以说:中华美学的文论传统是现代新儒学哲学理念在中国美学史、中国艺术史中的具体化应用与体现。中华美学对中国文化精神、中国哲学精神的研究,与新时代世界诗学的创建格局相互影响,共同描绘了人类命运共同体视阈下现代人文学术史上一幅丰富多彩的精神画卷。中华美学的道德观念和伦理色彩,在几千年的中国文化史中占据着十分重要的地位,并具有独特的诗学理论特色。(艾尔曼,1995:130;译者赵刚)该理论体系不仅是中国美学现代化进程中的一个重要方面,同时也是"中国梦"的当代表达对中国民族文化根基和主体性哲学文化的一次重建。但是,事实上,西方文论传统的形而上学(理念论)和宗教精神(如基督教),一向主张德性与智性并重,都是西方近代人文主义和理性主义哲学文化的支撑。这些文化核心的哲学色彩,在某种意义上也揭示了艺术的真实性和人的经验生活的真实性,因而我们有理由相信:没有文化理念精神之道的引导和支撑,无论是展现生活的器物、科技还是体现生活方式的制度,都只是停留在表面"技艺"的一种饰品而已。

第五章　中华传统美学走向世界的有效性和出路

中华美学的崇高文化精神理念，试图用心性本体追求科学与民主。这条致力于解答中国人的生命价值和终极生存意义的精神之路，一开始就将艺术之道与人生哲学融为一体，超越了其学科本身的存在界限，而是成为涵盖修心、修身、修性及形而上学的综合智慧学科。"中华美学"的传统文论体系，统摄心性本体论的文化理念和美学概念，倡导人的生存方式的艺术化和民族艺术文化的人生化。这一点从纯美学的角度来理解，中华美学的心性体验，将大美学观、大艺术观和大文化观的感性表达，视为中国传统文化的核心。这种贯通天人和道器、沟通自然和艺术、临摹社会和人生的心性体验观念，涉及到修养、感悟、精神、趣味、神韵和境界等多个方面的独特诗性话语。（朱光潜，1987：130）这种独特的理论形态，以中国美学史和艺术史的本体美学面貌，展现出生命美学、体验美学、文艺美学、形上美学或超越美学的多维人文内涵，不仅具有独特的现代性品格，也为现代中国人提供了一种全新的文化理念和精神之道。

在本质上，20世纪所倡导的"中华美学"诗学传统理论，是为了塑造和彰显现代中国智慧方案的一种精神追求和生命理念。这个理念对人的至高无上的形而上学之尊的精神作用有独特的见解，可以引导人们从实体世界的尊严观念里感受到高尚的美感，陶冶我们的国民精神。况且，中华美学认为"美是普遍的，无人我之分"（朱光潜，1987：134），强调、弘扬中国艺术和中国文化中的道德精神的重要性，并以此来修正过度崇尚科学的科学主义倾向。这一弘扬道德力的诗性精神，由知识、意志和情感三部分构成，从审美形而上学的艺术本体论视角，将现象世界的美丽形式同艺术理想的感性光芒、智性情感和德性传统等多方面的诗学内涵融为一体，以达到逐渐消除个人自私和利己主义的利害关系。

深入研究中华美学当代表达的叙述话语时，可以发现其独特的理论魅力和学术价值。这一理论思潮，作为后五四时期兴起的中国现代

中西文论对话版图中的中华美学基因传承与当代表达研究

美学的重要组成部分，展现出了自身鲜明的学术特色和精神追求。有观点认为，"中国诗学传统"研究是21世纪中国美学理论的一种关键审美范式，这确实言之有理。毕竟，艺术精神的根基在于审美形而上学意义上的哲学精神探索和文化精神传承。它并不是一套刻板的本体论理论体系，而是对艺术本体论的直观体验所进行的一次充满活力的生命精神的感性呈现。这种追求真善美的自由超越精神，是中国诗学传统对文化创造的精神追求和对人生意义终极价值的理性探索。

正是在中华民族自身生存本体论基础上形成的历史美学和历史诗学传统，以艺术形上学的现代美学视角，呈现了现代艺术的精神之道及其生命本质的核心问题。它所探讨的民族文化和民族精神，在世界诗学的现代性建构中也起到了重要的作用，发挥了不可或缺的功效。这种理论思潮关系到中国古典美学和现代美学的精神塑造，不仅揭示了中国诗学的深厚传统，更引领了中国现代美学和文化的前进方向，成为推动中国文化发展和创新的重要力量。在21世纪的历史长河中，"中国诗学传统"的研究为中国美学史铸就了璀璨光辉的一页。这一页对于中华美学现代学术新传统的传承与发展而言，提出了一种重塑深远意义世界的学术精神构想，更在东西方文论思潮的交流与碰撞中，留下了丰富的学术瑰宝和无比珍贵的创新与超越空间。之后，无论是中国古典的感性经验论哲学美学，还是中国当代文艺美学，均以现代新儒家的新感性美学思想为例，对中华美学诗学传统理论的学术传承进行了深度拓展，并对其继往开来的文化心理价值给予了肯定。以心理宇宙论的情感原则作为世界观的伦理学基石，中国儒家哲学的艺术审美精神不仅仅局限于道德领域，还包括"乐感文化""天人合一""儒道互补"的"积淀说"（姚全兴，1989：194）等理念。这些理念成为新时期以来世界诗学美学领域最具影响力的创新型理论成果。

近年来，世界诗学和艺术学领域犹如春潮涌动，涌现出大量对中

第五章 中华传统美学走向世界的有效性和出路

国传统的美学艺术、文论精神以及对中西方美学精神进行比较研究、深度挖掘的杰出作品。这些"传承和弘扬中华美学精神"的学术研究著作，如春风化雨，深入人心，呈现出丰富而多元的文化视角。结果，中华美学和艺术精神的研究，不仅成了世界诗学版图中当代美学研究的热门课题，更是承载了深厚的民族情感力和文化认同感，以期能够构建出符合当代人精神追求的学术家园。这种追求不仅仅是对传统的承袭，更是对美的探索、对艺术的思考和对人类精神世界的深度洞察。

毋庸置疑，中国诗学传统这一观念有其固有的薄弱点和不足之处。正如有些评论家所指出的，由于中国社会从传统到现代的衍变，中华美学的文论传统也并不仅仅等同于传统的艺术精神，它更应当被视为对传统艺术精神的一种现代解读和重构。如何联系现代人的精神生活，是中国诗学传统理论面临的重大问题。它的学术传统和审美本体论的现代意义，主要取决于其能否参与塑造全球当代艺术生活的精神世界里去？中华美学的古典诗学理论在探讨中国上古艺术精神方面取得了显著的成就，尤其是对普遍存在文化主义的研究方面，成果颇丰。但到了 21 世纪的今天，我们需要进一步思考的是：如何理解华夏民族的文化自我批判性？如何理解中华美学文论传统的批判性？如何探究中国艺术精神与社会结构其他要素之间的复杂互动关系？这都需要我们去反思、去超越。

称颂每日之新变，此乃昌盛之德，中华诗学的传统犹如时代的血脉，流传千古，并与西方文论走向融合、与世界诗学携手同行。虽然，中西方文论思想在一些细微之处存在分歧，但在更大的目标上，终将迈向兼通世界学术的"共同体"蓝图方向。"中华美学"的古典诗学理论遗产，兼收并蓄性如此之宽广，对于弘扬当代中国优秀民族传统文化的人文精神和高尚品质、纠正现代社会科技工具理性发展的单一倾向而言，具有重大的积极价值。既然我们已经领略了中国诗学传统的深度和高度，接下来，在新时代和全球化语境的历史条件下，我们应立足于当代文艺美学的丰富体验和审美主体性，拓展其审美人格精神的当代性和广度性，扎根于当代世界艺术精神的对话和建构体系中，塑造并转化当今新时代美学领域思想成果的创新和发展。

第二节　中华美学外宣译介工作的推进

在某种程度上，中国积极融入全球化，并与其对现代性的追求并驾齐驱。在19世纪早期，经过与西方的全面碰撞与冲突，中国军事、经济和政治的虚弱使得它从曾经的帝国辉煌中苏醒。随着昔日的荣光逐渐褪去，取而代之的是失败的羞辱。西方先进的科技以及由此产生的震撼力，迫使中国不得不放下高傲的姿态，从世界中心的位置上退下来。在这种形势下，中国开始寻求现代化的道路，并将其作为摆脱困境的唯一出路。为此，具有远见的知识分子、政府官员和仁人志士纷纷向外国竞争者学习，试图寻找现代化的答案。一个曾经以悠久历史传统为傲的国家，首次对外来文化表现出谦逊和敬意。在现代化的征途中，中国开始摸索前行。在这个过程中，中国不仅学习了西方的科学技术，还借鉴了其管理制度和文化理念。通过融入全球化，中国逐步实现了经济、政治和文化的现代化，成为全球舞台上的重要力量。然而，中国的现代化进程并非一帆风顺。它面临着诸多挑战和困境，如文化传统与现代化的冲突、社会转型的困境等。但正是这些挑战推动了中国不断前进，使其在现代化的道路上不断进步。据此，可以说：中国融入全球化并追求现代性的过程是一种自我救赎和崛起的历程。通过学习和借鉴西方的经验，中国不仅实现了经济的腾飞，还推动了社会的进步和文化的繁荣。

在笔者看来，中国的全球化热潮正是这一庞大学习和引进工程的另一表现形式。在这一过程中，翻译无疑扮演了至关重要的角色，几乎囊括了东西方文论智识领域内的所有重要成果。当我们回顾中国在现代化的道路上，译介西方智识成果的历史脉络和辉煌成就的时候，我们可以窥见：在诸多学者的翻译著作中，从宏观角度探讨文论翻译的文化传播功能、内在对话模式以及其与全球化语境的复杂互动机制等议题的优秀研究成果，仍然十分稀缺。在这样的背景下，中华美学外宣译介工作的推进，始终站在国际学术界的前沿，引领着国际、国内世界诗学影响力的学术讨论。世界诗学和中华美学，这两个看似独立但实则内在紧密相连的复杂而又有机的话题，对于洞察全球语境下中国文论持续关注和深入剖析的翻译焦点问题，具有重要意义。

一、中国语境的全球化内核

在全球化的浪潮中，众多知名学者纷纷描绘出全新的世界诗学的文脉图景。安东尼·吉登斯指出："全球化的社会关系，将遥远的地域异地事件，在全球范围内、不同大陆间扩散，持续延伸，使得全球共享的整体意识紧密相连、不断增长。"（Selden，2004：103）更为简洁地说，全球化的理论构建，背后的实践导向也蕴含着全球人类对世界意识的共鸣和增强。与此同时，中华美学的域外传播，也不可忽视世界诗学构建体系的共同内核。随着全球世界范围内知识、技术、商品、人口以及文化互通的流动力度越来越频繁，全球文艺理论共同体的雏形已初现端倪。一方面，有观点认为中华美学的全球化传播是诗学历史进程中不可避免的结果，代表了中国文论的进步，赢得了许多学者的高度评价。另一方面，鉴于全球化进程的复杂性和多元性，我们也需要认识到，全球化不仅仅是经济和技术的融合，更包括文化、价值观和社会制度的交流与碰撞。在这个全球化的时代，我们必须以开放的心态，理解和尊重不同的观点和文化，共同构建一个更加和谐、包容和繁荣的世界。

自中国拥抱世界贸易组织的大门，其步伐便愈发坚定地迈向了全球化的广阔舞台，与世界的交流融合成为日常生活不可或缺的一部分。中国这个拥有悠久历史的文化古国，在全球化的浪潮中，其独特的文化本色显然具有地方特色的大众性或传统形式。而中华美学的中国特色语境和全球化同质性趋势，所带来的新的见解和积极影响，对世界诗学的宏大叙事力量重新进行了定义，同时也在国际舞台上解构了多元化世界格局的"去中心化"话语的主导性。中国古典文论的后现代性实践和崛起便是其有力的证明。从多元文化主义的角度出发，《全球化和文化翻译》为我们提供了一个宏观的视角，让我们重新审视全球化对中国乃至全球的影响。它不仅提醒我们关注全球化带来的挑战，更引导我们探索其中的机遇，以期在未来的世界舞台上，构建一个更加多元、包容和共融的文化格局。这篇学术论文的结论部分，既彰显了全球化的积极面向，同时又巧妙而有力地回应了保守主义者的疑虑，即全球化进程中民族文化可能会失去其本真性。这一结论深具洞察力，不仅凸显了全球化所带来的机遇和可能性，更在细致入微的分析中，为那些担忧文化同质化、传统遗失的保守主义者提供了深刻的反思空间。这样的论述不仅体现了作者的严谨与专业，也显示出其对于全球化与文化多元性的深刻理解和独到见解。（戴阿宝、李世涛，2006：134）

在全球化的大背景下，中国正在经历一场前所未有的文化交流与融合。我们身处在一个充满变革的时代，西方的各类商品如同潮水般涌入国内市场，不仅为消费者带来了更广泛的选择，也促进了中国经济的蓬勃发展。同时，中国商品也在全球范围内广泛流通，成为推动经济发展的重要力量。文艺理论领域的交流同样日新月异。西方的电影、音乐、书籍等文化产品在中国市场的广泛传播，不仅满足了国人对多元文化的需求，也极大地丰富了人们的精神世界。这些文化交流的形式与内容，成为连接中西文化的重要桥梁，让我们在欣赏异国风情的同时，也更深入地理解了自身文化的独特价值。值得一提的是，在学术领域，中华美学的全球化影响更是深远。如今，文化研究作为一门新兴学科在中国的出现，正是全球化的直接体现。在这一领域，我们不仅可以借鉴西方的理论话语，更可以在此基础上进行创新和发展，形成具有中国特色的学术体系。全球化时代的到来为中国诗学的现代化与国际化带来了前所未有的机遇与挑战。各种资源的丰富与便利，为提高国人的生活水平提供了有力支持。我们应珍惜这个时代赋予我们的机遇，以开放的心态拥抱世界，共同创造一个更加美好的未来。

中华美学的域外传播之路，以独特且审慎的视角，深入剖析了全球化的历史进程，倡导了一种名为"全球地方化"（Abrams，2004：21）的文化策略。这一策略源于两个现实的观察：一是任何事物在跨文化传播的过程中，都会因各种不可控因素而发生形变；二是为了更好地融入另一种文化，外来事物会自觉地吸纳本土文化认同的异质元素，以获得本土文化发展的内在逻辑。（Abrams，2004：25）在全球化背景下的诗学领域，中西文论对话、交流中的文化观念相互渗透，必然会导致外来文化的变形和重塑。这种"变形"或"变异"的现象，在保持原文核心意思的基础上，中华美学的语言结构，在不同文化语境中的不同定位，实际上为我们提供了一种新的视角和思考方式。只要我们能合理地利用这种现象，它就有可能成为解构和反思这种"全球化"文化策略的另一加速器。全球化时代的文化挑战和机遇，并不仅仅是一种单向的引导和塑造过程，只要我们能保持住充分发挥自身能动性和创造性的无畏姿态，中华美学的域外传播，就有可能将全球化的文化理念转化为一种推动全社会进步和发展的力量，进而帮助我们更加深入地理解世界诗学"全球化"理念的多样性和复杂性。（陈望衡，2005：99）在这个过程中，我们可以看到不同文论流派之间的交流和碰撞，也可以看到不同文化脉络之间的融合和创新。通过深入地研究和探讨这些问题，我们可以更好地理解世界诗学的学术本质和实践意义，也可以更好地"讲好中国故事，传播中国好声音"。

二、民族文化的国家形象建构

在民族文化的构建、发展与成长过程中，翻译在全球化时代所扮演的重要角色，发挥着不可替代的作用。正如安德烈·勒弗维尔（Andre Lefevere）所言："翻译是文化间相互学习的首要工具，同时，在塑造另一种文化形象的过程中，也在塑造自身的文化形象。"（Qian Zhaoming，2003：72）这一论述揭示了翻译在文化交流中的双向性和互动性，既塑造了外部世界的形象，也反映了内部世界的自我认知。其对全球化和翻译关系的独特见解，突显了翻译在全球化时代文化交流中的核心地位。进一步而言，通过特定的翻译手法和策略，翻译不仅有助于构建他者文化的形象，还能反哺自身文化的塑造。与此同时，苏珊·巴斯内特（Susan Bassinet）也强调了翻译在当代世界的重要性。她断言："现在是一个必须承认并强调翻译及翻译家中心地位的时代。"（Stein，1998：93）这一论断不仅凸显了翻译在现代社会文化交流中的核心地位，也提醒我们重新审视翻译在全球化进程中的关键作用。回顾历史，各种文化之间的交流互动在很大程度上可以视为翻译活动的直接结果。从这个意义上说，全球化在一定程度上可以说是翻译活动的产物。尤其是在全球化的当下，我们更加需要重视翻译在文化交流中的作用，以推动不同文化之间的深入对话与理解。

翻译与翻译者，在多元文化的舞台上可以扮演多种角色。他们可能成为点燃变革之火的普罗米修斯。关键在于如何激活翻译的积极潜

第五章　中华传统美学走向世界的有效性和出路

能，使之成为推动社会进步的中坚力量。这其间，翻译者的主观选择具有决定性的作用。知名翻译学者勒弗维尔曾深刻指出："翻译在所有文化的演进中占据了核心地位，因为它关涉到交互的关系，有时表现为抵抗，有时则体现为交融。"（Qian Zhaoming，2003：83）这句话道出了翻译的多元性和动态性。翻译本身如同一块未经雕琢的玉石，它的价值和功用取决于使用者的雕琢和打磨。在这一过程中，翻译涉及文化选择、重构以及译本在目标文化中的接受程度。这表明，翻译的潜在效应并非单一，而是多元且复杂的。

在中国这片古老的土地上，翻译的艺术与科学不仅承载了引进外国文化精粹的重任，更在中国构建现代化国家和塑造国民形象的过程中扮演了关键角色。当代的翻译工作者们肩负着将中华文化推向世界的崇高使命。当下，将会有越来越多的中国文化产品以不同语言的形式呈现在世界各地。这种转变的原因在于中国在世界舞台上日益增长的影响力，以及中国文化自身的繁荣与发展。这样的文化输出趋势，是在全球化背景下积极寻求文化多元共存的一种必然选择。在这个充满变革与挑战的时代，我们需要中西文论与世界诗学的学者和翻译家们，用自己的智慧和努力，来引领我们走向更加开放和包容的文化交流之路，进而去共同构建一个更丰富、更包容和更多元化的现代文明蓝图。

毕竟，文化的呈现，中华美学的传承与当代表达，在翻译的维度中，或许导向"同质化"，也可能孕育"多元化"（李心峰，2005：140）。这种微妙的辩证张力，不仅在于"拓宽文化选择与经验的边界"，更在于"保存并激发每一种文化的生命力"（迈克尔·苏立文，1998：94；译者陈瑞林）。它如同一座记忆之桥，可横跨时空。中国古典文论的外译工作，可从现代社会的多语现象出发，有组织、有规模、有系统地推动中国文化"走出去"，使得文化在交换中更新；为全人类提供丰富的文化选择，以构建更加和谐多元的社会图景。在当前中国文化"走出去"的执行阶段,我们期待更多中外学者能够自觉肩负起这一神圣使命,共同推进中华美学的文化交流与互鉴的宏大工程。

三、中国梦复兴的海外弘扬

在历史的深厚土壤中,中国诗学文论的理论生命力得以孕育与滋养。中国的经济如同破浪前行的巨轮,迅速崛起;中国的国力日益倍增,引领着前所未有的巨大变革。这背后,是中国与全球化世界的紧密联系,以及日益重要的全球地位。中国文化的底气和自信心,从国家繁荣中汲取养分,以反思现实问题为基础,进行中国梦复兴的知识再生产。中国梦复兴的海外弘扬,不仅体现了华夏文明的理论建构能力,更是对当代中国学者精神风貌的生动展示。它提醒我们,在知识生产中,学者应始终保持对全球化现实问题的关注和对文化翻译的独特见解,要以开放的心态、积极的精神、大气的姿态,为世界的繁荣和发展贡献中国智慧。这种人文主义的主动情怀,在新的"全球人类命运共同体"的建构秩序之下,对于我们当下的诗学文化建构具有重要的启示意义。它提醒我们要以自信、开放和积极的姿态面对全球化的挑战,传播我们的文化和文学,让世界更加了解和欣赏中国的魅力。这样,我们才能真正实现文化的多元共生和繁荣发展,用我们的声音和行动,塑造一个更加多元、开放和包容的文化格局。

随着时间的推进,21世纪的中国已然崛起为世界瞩目的焦点,中国梦的构想更是将文化复兴作为重要的一环。翻译在本土文化身份的构建以及对外文化形象的塑造中起着关键作用。(杨平,2000:131)因此,中国文化走出去,不仅是为了让世界更好地了解中国,更因为任何强大而有生命力的文化都应为全球提供滋养,而现今的重心应转向向全球介绍中国文化。为此,中国诗学应与西方文论进行平等对话，推动跨国界的文化交流，在与国外学者的交流中积极推广中国文化与文学，让其他国家也能从中国灿烂的中华美学、华夏文明中汲取智慧与灵感。

在全球化的大背景下，重构、建设与弘扬中华美学的坚定信念和核心追求，不仅为中国文化的重构提供了有力的指导方向，而且还展现了"中国梦"文化自信的美好前景和学术价值，更激发了我们对中国文化未来的无限期待和信心。当我们从宏观的视角审视中国古典文论的学术轨迹时，不禁能够捕捉到近年来中国文化复兴与走向世界的鲜明脉络。它不仅记录了中国文化在全球化浪潮中逐步崭露头角的历史进程，更映射出在全球化日益深入的今天，中国文化输出、走向世界的心路历程。

第三节　中国文论世界化输出路径的构型

在回应"中国文论全球化影响路径的塑造"的议题时，学术界开始聚焦中国传统学术核心话语体系的深度挖掘与尊重。诸多研究者着手于对中国古代文论话语的梳理与整理。在探讨如何重塑现代中国文论话语的议题上，学术界历经了两大阶段：首个阶段聚焦于"中国古代文论的现代转型"；而第二阶段则主要集中在对"西方文论的中国化"以及"中国文论的本土化"的深究。（艾尔曼，1998：10；译者赵刚）然而，中国文论因缺乏稳固的话语根基，实际上正经历着新一轮的"失语"。因此，我们必须基于中国传统的两大核心文化准则，在"异质性"的基石上，走"古今交融"及"中西合璧"的创新之路，通过中国古代文论的本土化来最终实现中国当代文论话语的伟大复兴。

一、立足平等 融汇古今

自19世纪末，西方文化如潮水般汹涌而至，中华文化首次面临严峻挑战。从那时起，中国现、当代文艺理论领域便仿佛置身于西方的理论话语漩涡之中，无法自拔。在五四运动的风潮中，中国传统文论逐渐在舞台上让位于西方文论，失去了主导权。而新中国成立后，俄苏文论又进一步进军我们的文艺理论阵地，其影响日渐显著。进入新时期（1980年后），新旧西方文论如雨后春笋般纷纷涌现，竞相在中国文艺理论话语中寻找立足之地。面对这一现象，中国文论"失语症"的论断，呼吁我们必须重新审视并重建中国文论话语。这一观点如同投石入水，激起了千层浪花。因为这些问题直接触及了当前文学理论界的敏感神经，引发了广泛的关注和热议。学者们纷纷响应，探讨如何利用古典文论和美学思想资源来构建当代中国的文论话语体系。1996年，季羡林先生在《文学评论》上发表文章，积极参与"失语症"与"重建中国文论话语"的讨论。他强调了中国文论的世界性意义，为我们提供了重建中国文论话语的重要视角和思路。1997年，《文学评论》更是连续四期开设"关于中国古代文论现代化转换的讨论"专栏，邀请了包括J·希利斯·米勒、乐黛云、蔡钟翔、张少康等在内的诸多知名学者参与讨论。同年召开的"中国比较文学学会第六届年会暨国际学术研讨会"上，"失语症"与中国文论话语与中华美学的重建问题同样成为与会者关注的焦点。这一系列的讨论和争鸣，标志着中国文论界开始反思并寻求自我更新。在这一过程中，我们不仅要借鉴西方的理论资源，更要深入挖掘中国古代文论的智慧和价值，以实现中国文论话语的现代化转换。这是一项艰巨而又意义重大的任务，需要我们共同努力，持续推进。

程勇在其后的评论中说道："这篇论文如一石激起千层浪，引起学术界的广泛关注与讨论。学者们纷纷表达了自己的立场，有的支

第五章　中华传统美学走向世界的有效性和出路

持，有的反对，有的深入探索，有的则另辟蹊径，这无疑成为了世纪末文坛上最为引人注目的焦点。"（邢建昌、姜文振，2001：63）在众多讨论中，"特别是关于重建中国文论话语的议题，更是激起了无数学者的共鸣。"钱中文先生深感"在当今世界舞台上，我们要呼吁学术界共同努力，创造具有中国特色的当代文论。"（邢建昌、姜文振，2001：66）蔡钟翔先生也明确指出："建设有中国特色的当代文艺学的任务尚未完成，我们仍需努力。"（邢建昌、姜文振，2001：67）陈洪、沈立岩两位学者虽然对于文论"失语"的程度和性质持有不同的看法，但他们一致认为，"失语"现象确实存在。他们倡导重新构建文论话语系统，并积极参与国际平等对话，这已成为文论界同仁的共同追求。王文宏观察到，"中国的文论在经过多次尝试后，终于开始回归自我，这无疑是一件令人欣慰的事情。"（卢善庆，1988：137）而党圣元教授则进一步指出，"重新建构当代中国文学理论体系，实现文论话语的本土化"（卢善庆，1988：139）。这不仅是中国古代文论现代转化的学术文化思想目标，更是当代中国文论在面对多元文化学术思想氛围时，能够展现出的最具文化理性精神和理论学术自主性的价值选择。他在深入反思历史与现实的基础上，得出了这样的结论："构建具有中国特色的文学理论体系，形成既具有民族文化特色又不脱离世界潮流的文论话语，是当前文艺理论研究的重要任务，也是未来中国文学理论发展的必然趋势。"（杨念群　等，2003：117）

这一观点不仅得到了学界的广泛认同，更为中国文学理论的未来发展指明了方向。

在新的时期，重建中国文论话语是一项长期而艰巨的任务。我们倡导所有相关学科和专业的学者携手共赴，共同努力创造一种重建中国文论话语的语境，形成一股创建中国文论话语的思潮。在这个全球化时代，我们必须纵观古今，横览欧亚，汲取华夏之古言，借鉴国外之新说，推陈出新，以构建出具有全球视野的中国文论体系。我们必须面对现实，建立东方美学和中国文论，从而走向更独立、更自信的发展道路。这不仅是满足我们特有的民族情感的需要，也是解释我们独特的审美活动的需要。（陶亚兵，1994：41）

对于"中国文论世界化输出路径"的构型问题，从精神领悟和价值取向的角度来看，无疑可以等同于"中国审美精神的现代转化"问题。近年来，在学术界对"重建中国文论话语"这一命题的积极回应中，我们开始重新审视和重视中国传统中的根本学术话语规则。中国诗学话语，从话语分析的角度出发，运用知识论与价值论相统一的方法，在我们的思想方式和知识背景大致相同的情况下，通过一种诗意的阐释和精神的创造过程，发展出了三种价值内蕴各异的主干话语体系，即"孔语、庄语和禅语"（邹华，2003：117）。这种诗学话语体系萌芽于先秦时期，逐渐发展于六朝时期，经过唐、宋两朝的发展，形成了孔语、庄语、禅语竞相发展又彼此渗透的三维结构。这三种话语体系在概念和范畴上不断丰富，诗意的阐释也愈发细腻，逐渐具备了对日常人伦和生活的深入言说能力。至明清时期，以虚实相生为特征的叙事学话语的出现，标志着中国诗学话语已经趋于成熟。这样的学术研究态势，不仅有助于我们理解中国文论话语的历史演变，也为重建具有现代性的中国文论提供了重要的参考。

中国古典文论的诗学特性，在中国文化的演变过程中，以对话的形式，相互补充又彼此消长，为中华民族开拓了各具特色的诗意空间，构筑了中华民族的精神世界。针对中国传统学术和文化中的语言问题，我们可从中外诗学、文学的差异性与共通性出发，精选出中国古代文论的独特话语方式，同时注重与"对话研究"和当代批评相结合，以字词解释、思想阐发、历史研究、现实运用的不同诠释形式，为具有汉语文化与思想特质的中国文论学术话语转化，提供新的视角和方法。这一在现代语境中展开中国古代文论研究的有效途径，从宏观角度来看，揭示了知识创立与交流、传承的文化规则，是文化深层

第五章 中华传统美学走向世界的有效性和出路

的东西，具有生成性和生命力。中国文论话语的形成，深受中国特有的文化传统、历史背景及社会语境的影响，是固有的具有民族性的意义生成和话语言说的学术规则。（章启群，2005：49）这也意味着，我们今天重建中国文论话语，就是要返回中国古代文论话语，找回那些具有民族性的、固有的文化规则。同时，我们也要明白，中国传统文化与文论长期以来受中国特有的文化规则主导，这使得我们能够更加深入地理解并运用这些规则，以重建具有现代性的中国文论话语。

在中国古代文论的言说世界里，两个极具生命力的文论元命题或者说文化规则——"以少胜多"和"虚实相生"（鲍姆加登，1998：108；译者缪灵珠），衍生出了诸多文论话语。以"尚象"为特点的比兴、象征、隐秀及用典，以及以"去累"为特点的白描及空白等，这些都是与"以少胜多"相关的范畴。而对"虚实相生"相关联的，则是派生出的对道的特殊言说方式。中国古代文论话语的迂回与进入，其曲折蜿蜒和隐喻深远的特点常常需要通过中介来表达。在庄子的思想世界中，语言就像渡河之筏、捕鱼之筌、捉兔之蹄，时而显露，时而隐去。这些话语不仅是中国古代文论的重要遗产，也是我们今天研究和学习中国文化的重要工具。这种话语的诗意品质深深地灌注其中，使得中国文化领域的方方面面都充满了诗意的美感。我们需要更加审慎地深入探讨语言与"道"的关系，以及语言在揭示真相过程中的角色，理解其内在的缺陷和优点，以便更好地利用它来传达我们的思想和情感。只有这样，我们才能真正领略到中华美学的诗意品质和深远影响。然而，中国传统文学批评对文学语言的复杂性和阐释差距的认知，以及对作品与读者之间密切关系的理解，与西方现代文学批评的关注点有着异曲同工之妙。从这个角度看，中华美学的古典文论作为我们的母体和本根，应当被视为一种宝贵的资源，积极创造我们自己的理论表述方式，可以借鉴古代文论中的"气韵生动"理论，将其转化为现代语境下的"情感流动"或"意象构建"等概念，以此来

中西文论对话版图中的中华美学基因传承与当代表达研究

描述和解释当代文艺现象，进而构建出具有中国特色的文艺学理论体系。（爱德华·霍尔，1991：31；译者刘建荣）

另一方面，在学术研究领域，中华美学传统诗论话语的重要性，就如同我们当代理论话语体系大厦的基石一般，是我们理解和继承古代文论的关键。首先，我们需要明确的是，立足于当代的人文导向与人文关怀，这是我们继承古代文论的基础。我们要关注当代社会的人文问题，以现代视角去解读古代文论，从而更好地与当代文学批评和文论相结合。其次，我们要立足于民族精神与民族性格的继承与发扬。古代文论中蕴含着丰富的民族文化和精神内涵，我们要深入挖掘这些元素，将其融入到当代文学批评和文论中，使之焕发新的生命力。再者，从继承思维方式和批评形式入手，将古代文论融入到当代文学批评与文论中去。这种方式不仅有助于我们理解和传承古代文论，还能为当代文学批评和文论提供新的思路和方法。陈伯海先生认为，不仅古文论需要现代转换，整个古代的学术传统、文化传统都需要转换。这种转换需要我们致力于传统的推陈出新，而不仅仅是局限于既定框架的扩充和延伸。改造和翻新是必要的，但要掌握好一个度。此外，"互为主体"的对话原则也非常关键。我们应以中西和古今两个维度上的对话"激活"古代文论，从而使它们与其他文化理论实现互补、互证和互释。这个过程中，我们要始终保持对"返回家园"（爱德华·萨义德，1999：118；译者王宇根）的意识，也就是寻找语言之根，同时也要追寻精神之源，这两者都蕴含在中国传统言说方式中。在研究过程中，我们不能忽视的是传统文论话语在现实文学批评中的应用。在"多语共生"的阶段之后，这是将传统文论话语融入生活、走向世界的重要步骤和必由之路。这些方法和路径，从人类共同的"文心"和"诗心"出发，不仅关注西方文论与中国文化的对话与融合，更重视从中挖掘出符合中国文学传统和审美习惯的理论元素，为我们提供了丰富的理论和实践经验。

第五章 中华传统美学走向世界的有效性和出路

关于中西文论的对话，仿佛是一场跨越千年的交响乐，其中既有东方的古老韵律，也有西方的现代节奏。面对这样的国际大语言环境，我们不禁要问：如何在保持国际化的同时，又能够保持自己的文化独特性？笔者认为，答案就在我们自身的文化传统中。话语不仅仅是简单的语言交流，它更是一个文化和历史背景的反映。每一种话语都有其特定的规则，这些规则是在特定的文化传统、历史背景和社会语境中形成的。因此，要重建当代中国文论话语，我们就需要深入理解和尊重我们自身的文化传统，重新找回那些被遗忘的、具有民族性的意义生成和话语言说的文化规则。这意味着我们需要重新审视我们的文化传统，重新发现那些被忽视的价值和观念，然后用这些传统的话语和规则来重新构建我们的文学理论。宏观来看，这场对话需要坚守的基本原则就像交响乐的旋律，既要保持各自的独立性，又要追求和谐共鸣。这包括"话语独立"的独奏时刻，"平等对话"的协奏部分，"双向阐释"的旋律交织，以及"求同存异、异质互补"的和谐共鸣。而微观层面的对话途径与方法，则如同交响乐中的乐器组合与演奏技巧。我们需要寻找"不同话语与共同话题"的桥梁，让中西文论在音乐中找到共通的语言；我们也需要探索"不同话语与相同语境"的融合，让两者在同一场景下相互辉映；我们还要关注"话语互译中的对话"（郑元诸，2003：178），就像翻译者需要精准把握每个音符，确保旋律的流畅与和谐；最后，我们还要通过"范畴交错与杂语共生"（郑元诸，2003：181）来丰富对话的内涵，让这场交响乐更加丰富多元。

在此过程中，我们需要注意两个重要的文化规则：一是以"道"为核心的意义生成和话语言说方式。这种方式强调的是对于宇宙、人生和社会的整体理解和洞察力，它要求我们在进行文学创作和批评时，不仅要关注具体的文本和形象，更要关注它们所蕴含的深层意义和价值。二是"言不尽意"的规则。这个规则提醒我们，语言是有限的，它无法完全表达我们内心的想法和感受。在进行文学创作和批评时，我们需要学会用有限的语言去表达无限的意义，让读者能够在阅读的过程中感受到我们的思想和情感。通过对这些传统文化规则的重新理解和应用，我们可以重建当代中国文论话语，使其既具有国际化的视野，又保持了自己的文化独特性。这样的文论话语不仅能够为我们的文学创作和批评提供有力的理论指导，也能够推动我们的文化传承和创新，使我们的文学事业在未来的发展中更加繁荣和昌盛。"无中生有"，乃是自虚无之中孕育万有，它暗指那些无法直接言说的深邃意义，如同夜空中的璀璨星辰，虽难以名状，却可通过其闪烁之光引导我们向"道"之所在迈进。同样，"立象尽意"和"得意忘言"亦是对这一理念的深化与拓展，它们利用暗示和隐喻的方式，让受众在细腻的意象和言辞之外，感受到更为深远的意义，这也是一种艺术表达和接受方式的独特魅力。再者，儒家"依经立义"的意义建构方式和"解经"话语模式，都体现了对于经典的深深敬畏和对其蕴含意义的独特理解。它们在"原道""征圣""宗经"的思维模式下，以"微言大义"的方式呈现，并在"以意逆志"的解读中达到理解的高峰。这些方式，如同一把钥匙，打开了理解经典文本意义的大门，它们构成了中华文化的基本范型和话语模式，贯穿了中国的学术历程。（周锡山，1992：30—31）这一过程发生在一种"杂语共生"的文化生态中，各种文化元素在此交融、碰撞，共同塑造出一个多元而独特的文化景象。我们的任务，即在于引导和推动这一文化转型。为了实现中国文论的世界化，我们必须坚定地走"古今融会"及"中西化合"的道路，尊重并把握中西文论的异质性。只有这样，我们才能在对话中保持平等和自信，真正实现中西文论的相互启发和共同发展。

二、双向阐释 博采众长

在学术的殿堂里，关于中国文论的理解，常有人仅将其局限于"气""风骨""神韵""比兴""妙悟"和"意境"等范畴之内。若我们站在文化的广阔视阈下，深入剖析和清理中国传统文论的话语体系，我们会发现这些范畴并非孤立的元素，而是深深植根于文学中的意义表达方式和文化规则。以中华美学古代文论中的"书不尽言""言不尽意"为例，它们并非简单的陈述，而是蕴含着丰富的文化内涵和哲学思考。这些表述揭示了言语与意义之间的复杂关系，以及如何通过文字之外的"象"来传达更深层次的意义。中国学者坚信，示意的最佳方式便是"立象"。这一理念在中国文论中历经千年的衍变，早已被强化和凸显为独特的话语方式。立象不仅仅是文学表达的一种技巧，更是对自然、人生和宇宙的深刻理解和感悟。（艾尔曼，1995：128；译者赵刚）因此，深化中西文论对话研究，使之更加具体和系统，显得尤为重要。在这一过程中，我们需要遵循四个基本的话语规则。首先，我们要坚持文本的解读与分析，从文本中探寻言外之意和象外之象。其次，我们需要关注历史脉络和文化背景，理解文论话语在特定时空下的独特意义。再次，我们要运用比较和对话的方法，揭示中西文论的共性与差异，促进二者的交流与融合。我们要注重理论与实践的结合，将文论话语转化为文学创作和批评的实践指导。通过这样的研究，我们可以更深入地理解中国文论的丰富内涵和独特价值，同时也为中西文论的对话与交流提供新的视角和思路。

话语（discourse），这一术语并不仅仅是指我们所熟悉的日常语言交流或谈话，而是依据当代话语分析理论（discourse analysis theory）的概念所界定，更具体地指向了文化意义构建的深层法则。这些法则构成了在特定文化传统、社会历史背景以及文化语境下，思维、表达、沟通与解读等方面所遵循的基本规则。它们塑造了意义的建构方式，同时也影响了我们如何交流以及如何创造和分享知识。（鲍姆伽通，2006：104；译者李醒尘）简而言之，话语是一种反映特定文化思维和语言表达方式的基本范畴和规则。在这种话语体系中，诗人通过使用特定的词汇、句式和修辞手法，如借景抒情、托物言志等，来构建并传达他们的情感和思考。这些诗词话语的规则和范畴，就是在中国古代文化传统、历史背景和社会环境下形成的，它们不仅塑造了诗词的意义，也让我们能够深入理解和欣赏古代诗人的创作。通过深入研究和理解这些法则，我们可以更好地理解和欣赏不同文化背景下的语言交流，也可以更有效地进行跨文化交流和知识创新。

关于中国文论话语的传统理解，有人可能会简单地将其归结为"风骨""妙悟""意境"等几个范畴。然而，这种观点是片面的。实际上，这些范畴并非笔者所说的"文化规则"。每一种文化和文论都有其独特的规则。范畴，仅仅作为话语的表面层次，而文化规则则是深藏于背后，引导并支配着这些范畴的力量。范畴具有时代性，它们随着时代的变迁而产生、发展或消亡。文化规则却像一条红线贯穿历史的长河，它们不会因为范畴的消失而消失。这些具体的、历史的范畴都有其时代的局限性，它们随着时代的变迁而兴起或消亡。这些范畴背后的深层文化规则，一旦形成，就会持续存在并始终影响着文论的发展。那么，中国的文化规则具体是什么呢？在笔者看来，主要有两个核心方面。首先，我们需要明确的是，文化规则是一种更深层次的力量，它决定了文论范畴的形成和发展。在理解和评价中国文论话语时，我们不应该只停留在表面的范畴，而应该更深入地探究其背后的文化规则。

《道德经》开篇即言："道可道，非常道；名可名，非常名。"此言非凡，乃揭示了意义的派生之道。其中之"道"，实乃万物之始，意义之源泉。如老子所言："道生一，一生二，二生三，三生万物。"道，既孕育了万物，也催生了附着于万物的意义。然而，道如何派生意义？其答案藏于虚无之中。正如老子所阐述："天下万物生于有，有生于无。"这里的"无"，非空洞无物，而是一种无中生有的哲思。对此，王弼亦有解读："天下之物，皆以有为生，有之所始，以无为本；将欲全有，必反于无也。"这种"无中生有"的意义生成方式，与西方逻各斯的"有中生有"截然不同，这也奠定了中西方文化和文论各自独特的发展道路。在中国文化中，"无中生有"不仅是智慧的体现，更是固有的文化规则之一。它揭示了从虚无中派生万物的哲学思想，也体现了中国人对于意义生成的独特理解。（海德格尔，2018：64；译者陈嘉映、王庆节）这种理解，既是对世界本源的探索，也是对人生意义的寻求。在这个过程中，中国文化将"无中生有"的智慧深深地烙印在自己的文化基因之中，形成了独特而深邃的文化传统。

意义的生成方式对话语的表达方式起着决定性作用。这一点在庄子"言者所以在意，得意而忘言"（郑工，2002：55）的观点中得到了深刻的体现。他认为，尽管"道"具有不可言说的性质，但人们仍需要借助语言来传达意义。同样的观点也在《周易·系辞》中得到了呼应："言不尽意"，"圣人立象以尽意"。这表明，在中国文化中，始终存在着一种强调言外之意、象外之象的言语表达方式。这种表达方式体现在多个层面。一方面，它体现在"不著一字，尽得风流"的"不言言之"中，即在不直接言说的情况下，通过含蓄和暗示传达深意。另一方面，它也体现在"简言以达旨"的"简言言之"中，即以简洁的语言直接表达主旨。此外，"谁言一点红，解寄无边春"的"略言言之"则展示了如何用简短的语言描绘出丰富的意象。这种强调意义的不可言说性的文化规则，也在中国的文学理论中得到了广泛的应用，它为中国的文学和艺术创作提供了丰富的灵感和独特的视角。

自汉代起，中国学术分为古文经学与今文经学两派，二者均依赖

中西文论对话版图中的中华美学基因传承与当代表达研究

经典来生成其意义。（道格拉斯·凯尔纳，2008：89；译者游建荣）无论是"罢黜百家，独尊儒术"的汉代，还是玄学昌盛的魏晋，乃至宋代的理学繁荣和明代的心学影响，以及清代的朴学，这些历史阶段下的学派虽然条流纷糅、学派林立，但他们的根本方法都是"依经立义"，即基于经典来确立其学术观点。"依经立义"（张辉，1999：122）不仅形成了一套独特的阐释方法，如传、注、正义、笺、疏等注解方式，还衍生出了一系列具有深远影响的话语方式。尽管这些话语方式在古代文献中有所体现，但它们并非"僵死的"东西。相反，它们在现代仍然具有生命力和活力，可以进行现代转换并发扬光大。我们可以用"虚实相生"这一古老的文艺理论来指导当代的文学创作，甚至绘画艺术、影视艺术和广告设计。这套话语方式和学术规则是中国文化的重要组成部分，其生命力不会因为历史的变迁而消失，反而会在新的时代背景下焕发出新的光彩。运用"意境"理论指导诗歌创作，历来都只是为了表达情感、传递思想。其间，"意境"则扮演着至关重要的角色。意境，简单来说，是指诗歌中所营造的那种超越字面意义的深远空间。它要求诗人不仅仅停留在描述事物的表面，更要通过精练的语言、巧妙的构思，引导读者进入一种更为广阔、深邃的艺术空间。

回望历史的长河，不难发现，历史的轨迹就如同明镜，映照出我们的得失与成败。从这个角度观察，中西文论间跨文明对话的重要性，已逐渐成为学术界的共识。它如同一座桥梁，连接着东西方的文化思维与审美理念。尽管中国文化的这些规则历经千年仍具有旺盛的生命力和影响力，但是，我们仍然需要重新审视和挖掘中国文化的深厚底蕴。我们应该将中国文论的话语规则重新置于重要位置，发挥其在文化研究和艺术创作中的独特价值；应该在跨文化交流中保持开放的心态，同时坚守自己的文化立场，从而推动中国文论的发展和创新。在具体的研究途径与实践方法上，我们应注重文本的比较和解读，通过对话和交流，寻找中西文论的共通点和差异点，以实现文化的互补和超越。

（一）"话语独立"原则

跨越不同文明间的文学理论对话，或者称为异质性诗学的交流，其实并非单纯的语言层面问题，而更深层次地关联到"话语"的本质。话语，作为文化的灵魂，为其所有表达设立了基本的准则，对于塑造该文化框架下的文学观念起着决定性的作用。在进行异质性文学理论的对话时，我们首先要确保各方话语之间的有效交流。若忽视话语层面，忽略文化最基础的意义构建方式和表达规则，任何异质性文学理论的对话都只会陷入两种困境：一种是停留在表面文化现象的简单对比，另一种则是强势文学理论单方面的独白。在进行异质性文学理论对话时，我们必须明确各对话主体的话语体系，并在此基础上寻求能够达成共识和理解的基本规则。这一过程复杂而深入，它要求我们对自己文学体系的梳理、术语的准确翻译与介绍，以及对不同文化社会背景的深入探讨。无论是确立各对话主体自身的话语，还是形成共同的对话话语，对话理论的首要原则都是"话语自主"（柏拉图，2003：146；译者王晓朝）。将"话语自主"置于首要地位，意味着我们在对话之初就必须确立自身的话语体系，并在对话过程中时刻保持对自己话语立场的警觉。只有坚守这一核心原则，异质性文学理论的对话才能得以真正有效地推进。

（二）"平等对话"原则

在倡导"话语独立"的同时，我们也应当坚持"平等对话"的原则。实现东西方跨文明话语之间的真正平等对话并非易事。然而，若比较文学的跨文明对话摒弃或忽视这一平等原则，只会加剧强势文化的霸权局面。为了避免文化的单一性,我们必须坚持平等对话的原则。这意味着在跨文明对话中,各方应尊重彼此的文化差异,倾听对方的声音,并寻求共同的理解和合作。只有通过平等的对话和交流,才能真正实现文化多样性和共同繁荣。我们需要在比较文学的跨文明对话中,始终坚持平等原则,避免文化霸权的发生。同时,我们也应该反思过去的历史,汲取教训,努力推动中西方文化之间的平等对话和交流,以促进人类文明的共同进步和发展。基于对中国传统文论独特性的尊重,我们需要在平等的基础上,与西方文论展开深入对话,寻求文化多样性和思想交流的和谐共存。(张本楠,1992:185)

(三)"双向阐释"原则

在跨文明话语对话的过程中,除了坚守"平等对话"与"话语独立"的原则之外,一个不可忽视且至关重要的指导原则便是"双向阐释"。这一原则虽然在表面上看似"不比较"或不直接比较,但由于其跨文化、跨中西异质文化的本质,实际上达到了与比较文学研究相似甚至更为深刻的"效果"。所谓的"双向阐发",就是要求我们在进行跨文化、跨文明的对话时,既要深入理解和阐释他者的文化和话语,同时也要反观自我,对自身文化和话语进行深入的反思和再阐释。(袁济,2006:73)这样,对话的双方都能在互动中获益,实现真正的文化交流与融合。以中西文化对话为例,我们在阐发西方文化时,不仅要理解其表面意义,更要深入其内在逻辑和文化背景,挖掘其深层含义。同时,我们也要将自身的文化置于同样的位置,对西方的理解和阐释进行反观和审视。

当我们执迷于用单一的民族文学理论和模式去解读另一个民族的文学或文学理论时,这仿佛是在影响研究的宏大舞台上,只承认一位独奏者,而忽视了其他乐器的和谐共鸣。而"阐发研究"的核心在于

第五章　中华传统美学走向世界的有效性和出路

跨越文化的鸿沟，寻求文学的共通理解。在异质话语的对话中，我们倡导的"双向阐释"原则，正如在建造一座宏伟的桥梁，不仅需要稳固的基石，还需要伸展向彼岸的坚实桥墩。这意味着，在构建新的文学理论话语时，我们既要汲取外国文学理论（尤其是西方理论）的精髓，也要敢于用我们的理论去解读和阐释其他国家的文学或理论。这不仅仅是一种引进，更是一种走出去的勇气与智慧。我们在对话中既要擅长吸收，也要敢于输出。如果说，话语平等与话语独立的原则是我们捍卫文化阵地的坚固盾牌，那么，"双向阐释"的原则便是我们冲破界限、拓宽视野的锐利长矛。

近年来，深化中西文论对话中的平等交流及双向阐释意识，不仅是学术界的呼声，更是文化交融的必然趋势。这种"双向阐释"的精髓，在于我们既要灵活运用西方文论来启迪和激发中国文论话语的活力，又必须敢于运用我们的本土理论去解读和剖析西方的文艺现象。（爱德华·霍尔，1988：34；译者何延安等）唯有如此，我们才能在国际舞台上发出中国学者独特的学术声音，也唯有这样，我们才能建构起既具有民族性又具备世界性的新型文论话语体系。

（四）"求同存异，异质互补"的原则

跨文明文论对话的核心原则，无疑便是"求同存异，异质互补"（斯宾诺莎，1958：91；译者贺麟）。这种从共性出发，逐渐深入探索差异的过程，正是异质文论对话的基础。"异同比较法"作为比较文学中国学派的重要研究手段，其重要性早已被诸多学者所认可：一是沟通，即通过对比研究，寻找各国文学、各学科、各文化圈之间的共通之处，实现文化的交流与融合；二是互补，即深入探索各种文学的独特之处，使各种文学在对比中更加凸显其民族特色、文学个性及其独特价值，实现文化的互补与提升。这一观点不仅深化了我们对比较

191

文学的理解，也为我们提供了新的研究视角和方法。有鉴于此法，我们可以更加深入地理解各种文学思想的独特之处，进而探寻其背后的社会、历史、民族和文化因素，更可以实现文化之间的互补与提升，促进不同文明之间的交流与理解。（姚全兴，1989：159）

至此，我们获得了一种深刻的洞见：尽管中国诗学与西方文论各自承载了独特的民族文化底蕴，其概念内涵乃至核心理念时有冲突甚至颠覆，但两者间亦不乏共鸣与契合。这种看似矛盾实则互补的共存状态，正凸显了中西文论间对话的可能性以及各自不可替代的独特价值。相互之间的共同点越多，二者间的亲和力便越强；差异性越显著，彼此在学术交流中的互补价值就越大。中国古代文论的美学价值不仅在于它提出了与西方文论相似的理论，更在于它开拓了全新的理论空间，提出了许多西方文论所未能涵盖的深邃见解。这些独特的理论贡献不仅填补了世界文论的某些空白，也为全球范围的文学批评与理论创新注入了新的活力与灵感。（杨平，2002：153）

在中西文论话语中，共性与个性的交织构成了一种独特的对话语境，这就要求我们在相互交流时，坚持求同存异、异质互补的原则。这两种理论都强调了文本的层次性和深度，体现了中西文论在探索文学本质方面的共性。这种差异性和互补性正是中西文论对话的基础和动力。在异质话语对话中坚持"求同存异，异质互补"的原则，不仅可以拓宽我们的视野，激发我们的创造力，还可以帮助我们超越现有的中西文论模式，建立一种更开放、更合理、更具人类性的文论体系。这种体系将能够更好地反映人类文化的多样性和复杂性，为未来的文学发展提供更加广阔的空间和可能。

三、求同存异 学贯中西

在中国学术领域，由于对西方学术理论和批评话语的过度依赖，

第五章　中华传统美学走向世界的有效性和出路

中国文学理论逐渐与其深厚的文化土壤脱节，因而长期以来陷入了所谓的"失语"状态。经过三十年的新时期文学理论发展，我国学者开始审视这一状况，并积极寻求话语重建的策略。为此，话语重建必须立足于本土的生存经验，深度挖掘和利用现有的文学理论资源，致力于融合东西方的文学理论，从而在继承中寻求创新。值得注意的是，中国古代文论与当代西方文论的对话为中国文学理论话语的重建提供了新的方向。古代文论作为中国独有的传统话语资源，与当代西方文论这一全球主流语境的结合，将对中国文学理论的重构及未来发展起到关键作用。在具体实践中，中国文学理论话语的建设可以从以下几个方面着手：首先，我们需要深入研究并理解中西对话的当下语境，把握双方的共同点和差异；其次，寻找并确立理论支点，即找到两者的交汇点，以此为基础进行整合；再者，选择并深化对话的话题和言说方式，使之既符合中国文化的特点，又能融入全球学术对话的大潮中。（陈文忠，2001：149）这样，我们才能在中国文学理论话语的重建中，既保持民族性，又体现现代性，从而真正走出"失语"的困境，实现中国文学理论的繁荣与发展。

长期以来，中国的学术界似乎患上了一种"理论依赖症"，盲目地将西方理论奉为圭臬，以为这些理论可以通吃一切，而忽略了将其与中国的实际文化土壤进行深度融合的必要性。这种不假思索的套用，就如同生搬硬套的拼图游戏，最终可能导致图像的扭曲和失真。季羡林先生曾深情地呼吁："我们东方国家，在文艺理论方面噤若寒蝉，近现代中鲜有人能够创立出具有影响力的文艺理论体系。"（陈望衡，2007：94）这个现象让人不禁思考：在中国当代，为何我们缺乏自己的理论体系，我们的声音为何难以被世界听到？这些问题的根源，或许在于我们陷入了一种深深的"失语症"。这就像是一个国家没有自己的语言，只能依赖别人的话语来进行交流和表达，这无疑是一种极大的悲哀。我们需要认识到，学术研究并非只有一种话语，也并非只有一种方法。我们不能仅仅依赖西方学术话语，而忽视了我们自己的文化土壤和学术传统。在引进和应用西方理论时，我们不应将其视为绝对的真理，而应通过对话和沟通，探索其在中国的适用性和中国化的可能性。因此，我们应该在学术研究中保持开放和包容的态度，不断探索和创新，努力构建属于自己的理论体系。只有这样，我们才能在全球化的时代背景下，发出属于自己的声音，展现出中国学术的独特魅力和价值。

在全球语境下，我们的哲学社会科学不仅要立足本土，更要放眼世界。我们是中国实践的亲历者，理应在构建中国理论上占据主导地位，然而现状却是我国哲学社会科学在国际舞台上仍处于弱势，常感力不从心，声音微弱。我们必须着手打造一套易于被国际社会接受和理解的新的话语体系，这不仅仅是语言表达的问题，更是学术创新和国际影响力的问题。那么，如何破局？一条可能的路径是加强中国古代文论与西方文论的对话。这不仅是一种文化交流，更是一场思想的碰撞与融合。我们可以从中国古典文论《文心雕龙》的"神思"概念出发，与西方文论中的"灵感"理论进行深度对话，提炼出既有中国特色又具国际普适性的文论话语。（刘悦笛，2006：150）这不仅是对中国文论失语现状的回应，更是对全球文论话语体系的一种丰富和补充。学科建设是这一路径的基石。每一个学科都需要构建自己的话语体系，形成独特的学术概念和理论框架。在这个过程中，我们不仅要深入挖掘中国传统文化的精髓，还要具备全球视野，积极借鉴世界各地的优秀学术成果。

在当代中国的文学理论界，我们可以清晰地描绘出三条源远流长的学术脉络，它们分别是古代文论的回响、俄苏文论的印记以及西方文论的浪潮。这三者共同构筑了中国文论的多维世界，既饱含深厚的历史底蕴，又展示着不断演变的时代特色。让我们首先回溯到古代文论的时代。这是一条深植于我们民族文化土壤的文论脉络，它承载着

第五章 中华传统美学走向世界的有效性和出路

古人的智慧与情感,通过诗词歌赋等多种形式展现出独特的言说语境。(黄时鉴,2001:50)然而,自"五四"白话文运动以来,古代文论的传统语境在现代文化的冲击下变得逐渐模糊,其影响力似乎被局限在了历史的尘埃之中。接下来,我们将视线转向俄苏文论。在特定的历史时期,俄苏文论以其鲜明的政治色彩和深刻的理论洞见,在中国的文学理论中留下了深刻的印记。它不仅塑造了一个时代的文学观念,也深刻地影响了文学创作和批评的走向。最后,让我们聚焦于西方文论。在"五四"时期,虽然中国已经开始接触到西方文论的一些观点,但直到20世纪80年代,西方文论才真正大规模地涌入中国,并成为中国文论界的重要话语资源。它以其多元的视角、开放的姿态和前沿的理论,为中国文学理论注入了新的活力。总结来看,当代中国文论的学术资源是一个多元共生的世界。古代文论、俄苏文论和西方文论在这个世界中相互交织、相互影响,共同塑造着中国文学理论的独特风貌。在当代文学实践中,我们不仅可以看到古代文论的传统元素在现代作品中的回响,也可以看到西方文论的新观念在文学创作中的实践。在这个多元共生的世界中,我们仍然面临着诸多挑战和机遇。我们需要继续深入挖掘古代文论的丰富内涵,也需要保持对西方文论的开放态度,同时还需要不断反思和审视自身文论体系的不足和局限,推动当代中国文学理论不断向前发展。

西方文论的丰厚历史和独特文化土壤,是我们探索其内在精髓时无法忽视的背景。但长期以来,我们的研究方式却如同将一座座丰富多彩的文化山峰压缩成平面图案,一蹴而就地展示在学术界。从柏拉图的哲思到德里达的解构,这些跨越千年的智慧火花在短短数十年间被我们急促地吸收,仿佛一场文化的大风暴,各种西方理论思潮在中国的学术天空下纷纷展现,形成了一幅混沌而庞杂的画卷。在拿来主义的热潮中,我们开始尝试筛选与鉴别,试图从众多西方文论中找到与本土文论对话的可能性。同时,在失语的困境中,我们也开始尝试

中西文论对话版图中的中华美学基因传承与当代表达研究

转换视角,寻找重建自身话语体系的可能。当我们站在更高的历史节点回望,却发现现当代中国文论依然未能完全展现其独立成熟的姿态。我们的文论研究仍然缺乏一个清晰的理论轮廓和独立的话语体系,如同繁星尚未形成璀璨的银河,仍有待时日和更多研究者的共同努力。虽然我们在西方文论的引入和研究过程中取得了一定的成果,但仍需继续努力。我们需要以一种更为开放和包容的心态去接纳和学习西方文论的精华,同时也需要更加珍视和挖掘本土文论的深厚底蕴。(聂振斌,2004:137)

针对中国文论的重建,我们必须深刻反思与审慎考量:究竟要构建一个怎样的文论体系?这是摆在我们面前的重大课题,无法回避。首要的是,我们必须坚定一个清晰的方向:整合中西文论资源,于传承中寻求创新。这仅仅是起点,真正的挑战在于如何实现创新,创新的路径与方法又该如何?长期以来,中国文论的发展步履维艰,症结就在于我们对创新的思考尚未触及核心,未能深入到骨髓。我们必须以更加深入、更加全面的视角,去探讨中国文论的创新之道,以期在未来的学术道路上取得实质性的突破。

在探索文学的深邃奥秘时,我们必须认识到,期望构建一个一统天下的文学理论是不切实际的。在人类的认知历程中,确实存在过这样的企图,如先秦时期的"诗言志"理念,柏拉图的"理念论",以及亚里士多德的"模仿说"。然而,这些早期的理论已经随着人类社会的演进和文学艺术的多样化而失去了其普适性。(李汝信、王德胜,2000:185)随着书写的艺术与现实世界的交织越来越紧密,文学作品呈现出千姿百态的面貌,每一部作品都有其独特的个性和内涵,无法简单地归纳于某一理论框架之内。我们无法再创造出一个能够全面阐释古今文学的普适性理论。这意味着,未来的文学理论必然是多元化的。各种理论流派将相互交织,共同呈现出一幅丰富多彩的文学图景。这些不同的理论将为我们提供多样化的视角和维度,以更

第五章　中华传统美学走向世界的有效性和出路

全面、更深刻地理解和解读文学作品。

其次，当我们深思中国文论的建设时，我们必须理解这是一个永不停息的过程。中国文论并非静止不变的，而是始终处于不断的探索与建构之中。它的成功并非源自一个绝对的、本质的答案，而是依赖于我们对文学及其复杂现象的有力解读和独特见解。事实上，文学的本质是一个动态的、持续构建的概念。尽管我们在历史的长河中发现了许多对文学本质的阐述，但每一种解释都只是从一个特定的角度、一个侧面揭示了文学的面貌。这些阐述并非终极定论，而是文论建构过程中不可或缺的环节。正如克罗齐所言："一切历史都是当代史。"（Selden，2004：52）文学理论亦是如此。它既致力于揭示文学的本质，又紧密关联着当下的社会与生存体验。因此，文论既尊重传统，追溯先贤的智慧，又随着时代的变迁而调整，甚至引领着社会思潮的演变。（肖朗，2000：34）在这种动态的构建中，文论既承载了历史的厚重，又散发出当代的活力。这意味着，未来的中国文论必然是充满活力与变革的。它将继续在言说的旅程中，不断追寻、探索，与我们的文化和社会共同前行。

再次，在多元言说的语境下，各种声音和观点之间的相互关系呈现出两种截然不同的态势。一方面，它们各自独立，犹如百花园中的繁花，各自盛开，各自美丽。它们各自占据一席之地，持有各自的理论和观点，诠释着不同的现实和情感。这些流派如当代西方文论中的众多分支，宛如春秋战国时期的百家争鸣，各自独领风骚，共同构建了学术的繁荣景象。这种多元言说的相互关系问题，不仅反映了学术领域的多样性和复杂性，也揭示了学术发展的内在动力和机制。在多元言说的语境下，不同的声音和观点相互激荡、相互碰撞，激发出新的思想火花和学术灵感，推动着学术的不断进步和发展。

综上所述，创新之道可归结为两条路径。其一，乃是在丰富多彩的文化土壤中孕育出独树一帜的原创思想。此类创新实属罕见，它们不仅需要特定历史背景的滋养，还需依赖那些敢于突破常规、勇于探索未知的天才之发现。另一条路径则在于在对话中激发灵感，在继承中寻求创新。我们站在前人的肩膀上，积累微小而稳健的进步，逐步推动局部创新。面对古今文论丰富的学术资源，这是我们比较可行的扎实创新之路。在对话的过程中，我们更加深入地理解前人的思想，从前人的启示中提炼出自己的独特见解。如同刘勰的《文心雕龙》与陆机的《文赋》之间的对话，荣格与弗洛伊德之间的碰撞，他们之间的交流与碰撞为我们的学术领域带来了新的面貌。此外，我们还可以尝试将不同的学术观点置于同一场景中，通过拼接与融合创造出新的学术体系。同样地，中西文论的对话也是采取了这种方式，我们在相互交流、深入沟通的过程中，试图在前人的基础上进行创新与发展。这也成为我们积极稳妥地重建中国文论体系的重要途径。

（一）中国古代文论与西方当代文论的对话

对话与研究在性质上有着根本的不同。在研究中，我们所关注的往往是冷静、客观的材料，它们是研究对象的载体，我们称之为"研究材料"（邱明正、于文杰，1998：85）。然而，在对话中，这种客体的概念被彻底颠覆。在对话的语境下，每一个参与者都以一种主体的姿态出现，他们的存在不再是被动的、被观察的，而是主动的、互动的。在这样的互动中，我们最先关注的，是那些参与到对话中的主体——他们是谁？他们有着怎样的背景、经验和观点？接下来，我们的目光会转向他们是如何展开对话的——他们的辩论过程是如何进行的？他们的观点是如何产生碰撞、融合，并最终形成新的理解的？这整个过程，就如同我们在观赏一场精彩绝伦的球赛。每一方都倾尽全力，他们的每一个动作、每一个决策都牵动着我们的心弦。这种紧张和激情，正是对话所独有的魅力。对话的过程，就是一个不断探索、

第五章　中华传统美学走向世界的有效性和出路

不断发现的过程，是一个充满了创新和变革的过程。

巴赫金曾言："一旦我们开始思考，我们实际上是在与思想进行对话。若不然，它们会如同冷漠的客体，与我们产生隔阂。"（汪毓和，2005：113）在当前的学术语境中，我们常常谈论中西融合，仿佛这些思想只是等待我们发掘和利用的资源库。这就是思想的魅力所在，它们渴望被理解，被传播，被共鸣。无论是西方的还是古代的文论，只有当它们从书本的束缚中解脱出来，找到能够理解它们的知音，或者遇到能够激发它们论辩的对手，它们才能真正地焕发出生机。中国古代文论与当代西方文论的对话，无疑是一场跨越时空的思想盛宴。它们不仅连接了中国与西方，更连接了传统与现代。在这个过程中，西方文论需要在中国找到合适的本土语境，而中国古代文论也需要在现代找到新的表达方式。古代文论作为中国传统的话语资源，西方文论作为现代的主要言说语境，它们之间的对话和融合，对于我们重建中国文论具有重要的价值。

（二）当下语境

在跨越文化边界的学术交流中，中西文论的对话不仅是文化的碰撞，更是智慧的融合。其核心宗旨在于推动中国文论体系的进步，破解当前面临的挑战与实际问题。随着全球化的浪潮，我们与西方的距离逐渐缩短，他们所经历过的挑战与迷茫，也成为我们所必须面对的问题。西方的历史轨迹，就像是一面镜子，映射出他们走过的曲折道路和积累的经验教训。这些宝贵的财富，无疑对我们具有极大的启示意义。当代的西方文论流派繁多，各有千秋，他们在西方的现代化进程中不断自我反思与批判，成功与失败的经验交织在一起，形成了一部生动的历史长卷。更重要的是，当代西方文论已然超越了文学理论的范畴，与西方当代哲学紧密结合，共同参与着西方当代价值理念的塑造。这种深度和广度，使得中西文论的对话不仅具有学术意义，更具有文化价值和时代使命感。因此，我们必须以开放和包容的心态，认真汲取西方的智慧，同时保持对中国文论传统的尊重与传承，从而在对话中寻求共同的发展道路，为文论事业的繁荣做出我们应有的贡献。

在现代西方哲学中，科学主义与人本主义两条发展脉络均与当代西方文论紧密相连。追溯至人本主义脉络，我们可以发现它深深地植根于文学理论的土壤。例如，尼采的哲学与他的散文紧密相连，萨特的小说也深刻地反映出他的哲学观点。这一现象彰显了一个重要事实：对人的关注与研究不仅是哲学的使命，亦是文学的神圣职责。这种深度的关联使得人本主义哲学流派与文论流派自然地交融，相互激荡出无数的思想火花。许多思想家同时亦身兼文论家的身份，例如海德格尔、弗洛伊德，以及法兰克福学派、女性主义和后殖民批评的思想家们，他们在各自领域内推动着哲学与文学的互动与发展。文论家在分析文学作品的过程中，也在无形中洞察和揭示人性的种种面貌。这种哲学与文学的紧密关联不仅展现了两者之间的深厚渊源，也为我们揭示了人性研究的多元性与丰富性。（陶亚兵，2001：145）

现代科技的崛起无疑为社会进步注入了强大的动力，使得科学理性成为当今社会的主导力量。受其影响，逻辑分析的方法不仅扎根于自然科学领域，还逐渐渗透至人文科学之中。这一转变标志着一种时代的跨越，使得西方文论得以在科学主义的阵地上寻求突破，并为我们对文学的深入理解开辟了新的道路。古希腊哲学家致力于探寻世界的本质，而笛卡尔和康德则转向对人类认识能力及其局限性的探讨。当代哲学进一步反思了认识的工具——语言本身的本质和可能性（杨平，2000：155）。这一反思导致哲学家们开始深度解析语言的结构与功能，试图揭示其背后的运行机制。这些流派的诞生与发展，不仅丰富了我们对文学的理解，也促进了人文科学与自然科学的融合。它们展示了科学与艺术的结合如何为我们揭示世界的复杂性与多样性，证明了现代科技发展对社会科学研究的深远影响。

21世纪的西方文学理论可谓独树一帜，其丰富性和多样性前所未有，同时也在全球范围内引发了广泛而深远的影响。这一时期的理论变革如同风暴般席卷全球，对文学研究领域产生了颠覆性的影响。在中国，这些理论同样引发了广泛而深刻的思考，成为学界瞩目的热点和焦点。我们选择将当代西方文学理论作为我们对话的重要主体之一，深入探讨其内涵和影响，以期推动文学研究的深入发展。当代西方文论不仅是我们的对话伙伴，更是我们思考文学创作和批评的重要工具。它们以其独特的视角和方法，挑战了传统文学观念的束缚，为文学研究带来了新的视角和思路。通过深入研究当代西方文论，我们可以更好地理解文学的本质和特点，更深入地探索文学创作的规律和技巧，为文学创作和批评提供更加科学和有力的支持。同时，我们也应该看到，当代西方文论并不是孤立存在的，它与全球范围内的文化交流与碰撞密不可分。在这个过程中，我们应该以开放的心态去接纳和理解不同的理论观点和方法，促进文学理论的多元化和国际化。当代西方文论是我们进行文学研究不可或缺的重要资源。我们应该以更加开放和包容的态度去研究和应用这些理论，促进文学研究的深入和发展，为文学的繁荣和发展做出更大的贡献。

（三）理论支点：中国古代文论

对话，远非一人的独白，而是心灵的交响。它要求双方在平等与尊重的基础上，各自怀揣独特的思考与见解，汇聚成智慧的洪流。在探索西方当代文论的深邃世界时，我们需要寻找一个稳固的理论支点，这个支点便是我们的古代文论。这一现象反映了现当代文论所面临的失语困境。审视中国现当代文论的发展历程，从"五四"时期的白话文运动开始，救亡图存成为压倒一切的重任。启蒙与革命使得文艺沦为单纯的宣传工具。新中国成立后，苏联文论因其强大的影响力而红遍整个社会主义阵营。改革开放后，尽管西方文论的引入为我们带来了新的视角和思维方式，但我们又不知不觉中陷入了西方文论的框架和束缚。至今，失语症仍然是困扰现当代文论界的显著问题。陈伯海先生曾深刻指出："中国现代文论话语之所以难以成为独立的体系，根本原因在于它尚未形成一套成熟的理论形态，无法为新的话语系统提供坚实的支撑。"（谭好哲、刘彦顺，2006：69）对话西方当代文论，我们必须重拾古代文论的智慧，寻找对话的新起点。让我们以开放的姿态，融合东西方的思想精髓，共同书写文论的新篇章。

在我们看来，异质文论对话的基石在于"话语独立"与"平等对话"（杨念群 等，2003：115）两大支柱。当代中国的文论研究深受西方文论的影响，这种影响之深厚使其几乎无法脱离西方的言说框架，尚未实现独立，也就无法真正追求平等对话。古代文论则不然，它诞生于中华文明的肥沃土壤，孕育出独特的话语系统。这个系统拥有自己的根脉和体系，更有一套独特的话语规则和言说方式。这套规则与方式具体表现在两个方面。其一，是以"道"为核心的意义生成和话语言说方式，这是一种深邃而精妙的思维与表达模式。其二，是儒家"依经立义"的意义建构方式和"解经"话语模式，这一模式赋予了古代文论深厚的历史底蕴和文化内涵。这两大主线，犹如主干之树，派生出了众多附属的生成规则，如"言不尽意""立象尽意""微言大义"等，共同构筑了枝繁叶茂的中国学术之林。中国古代文论的话语规则，具有鲜明的特色和异质性。这种异质性，正是古代文论与西方文论进行对话的天然优势与条件。

另一方面，古代文论深深植根于中国传统文化的核心脉络中，它不仅是我们文化传统的体现，更是我们自我理解的关键。通过深入研究和理解古代文论，我们能够在传统与现代的交汇点上找到自我定位，实现自我超越。与西方当代文论不断对当下西方社会进行尖锐批判的取向不同，我们近百年来的批判焦点却往往集中在过去和传统之上，从"反帝反封建"到"破四旧"等一系列社会运动均体现了这一点。我们往往认为传统思想是制约我们发展的枷锁，是造成我们落后的根源。这种批判导致了我们与传统之间的断裂，对古代文论也产生了隔膜。在当今这个西方话语占据主导地位的时代，重新审视古代文论的智慧显得尤为重要。古代文论的言说能够唤起我们的集体无意识，唤醒我们的民族记忆，为我们提供一种独特而深刻的视角，帮助我们重新审视自己的文化传统。在西方文论的映照下，我们能够冷静地审视我们的传统，更加清晰地认识到自己的文化特质。相比之下，历经千年岁月淘洗锤炼的传统理论资源，以其深厚的历史底蕴和广阔的视野，为我们提供了宝贵的参照。（杨河、邓安庆，2002：130）

在追求现代化的同时，我们不应忘记传统文论的智慧，而应将其与现代文论相结合，以期在文化的传承与创新中找到更加全面而深入的理解。中西文论的对话，恰似一场别开生面的交锋。同样，西方当代文论的批判精神与中国古代文论的审美追求，这两种异质性截然不同的理论体系，在对话中的碰撞和交融，必定能产生深刻而独特的思想火花。这种对话，不仅有助于我们更全面地理解中西文化的差异与共性，更能推动文论研究的创新与发展。因此，我们期待并鼓励这种跨文化的对话与交流，让文论研究在碰撞中焕发新的生机与活力。

（四）对话话题与言说语境

在当代的学术领域，西方文论与中国古代文论的交汇已经成为一个无法忽视的现象。它们相互间的碰撞与交流，犹如两条湍急的河流汇聚于一处，激荡出全新的思想火花。然而，这样的交流并非易事，如何使二者在平等的基础上展开对话，成为摆在我们面前的一大难题。《文心雕龙》从第六篇《明诗》开始，便详细论述了各类文体的特点，这一过程严格遵循了刘勰所提出的方法论。这给了我们一个启示：在寻求中西文论对话的过程中，我们或许可以借鉴古人的智慧，对现有的方法进行适当的调整与改造，以适应新的学术环境。这不仅仅是对中国古代文论的一个深刻总结，也为我们提供了一个与西方文论展开对话的框架。此外，我们还可以借助现代科技手段，如大数据分析、人工智能等，来对中西文论进行更为深入的比较研究。通过这些技术手段的运用，我们可以更加准确地把握中西文论的内在逻辑与发展趋势，为未来的对话与交流提供更为坚实的基础。

从历史的长河中审视，西方当代文学理论在中国的传播与接纳主要历经了两个显著阶段。首先，在"五四"新文化运动的前后，以王国维、梁启超、胡适、鲁迅等文化巨匠为引领，他们致力于翻译与传播西方思潮，为国人打开了一扇通向外部世界的窗户。然而，这股潮流在解放后因受"左"倾思潮的冲击而渐趋沉寂，但仍有暗流涌动，未曾完全断绝。其次，改革开放以来，西方文学理论的引进再次迎来高潮，波澜壮阔，目不暇接，且与时代的脉搏紧密相连。从20世纪70年代末至80年代末，在解放思想、拨乱反正的社会大潮中，国人积极引进西方文论，旨在破除僵化思维，激发全民对于学习和讨论的巨大热情。进入90年代初至20世纪末，学术界逐渐从狂热转向冷静，开始更为深入地反思，而西方文论的引进也进入了一个更为高级的阶段，即消化与研究。自21世纪初至今，全球化的浪潮加速了中国融入世界的步伐，我们与西方学术界的交流愈发频繁，几乎达到了同步共振的状态。在这一过程中，我们不仅要继续深化对西方文论的研究与理解，更要积极探索如何在全球化的背景下，构建具有中国特色的文学理论体系，以实现中华文化的伟大复兴。

在西方文论流派在中国的演变历程中，每个流派所遭遇的境遇均有所不同，这主要取决于中国社会对其的接纳程度和语境适应。从历史演变的视角，系统梳理各流派在中国的翻译、传播、接受以及与中国社会问题的契合度与关联度，深度剖析它们在中国的影响范围和影响力度，显得尤为重要。这种分析不仅能够理解各个文论流派在中国的演变历程，而且有助于我们理解中国社会与西方文论的互动关系，从而深化我们对文学理论和文化交流的理解。这既是一项具有挑战性的学术工作，也对于未来的文化研究具有重要的启示意义。

（五）释名以章义：同题共论中西观点

展开中西文论的丰富图谱，我们仿佛置身于色彩斑斓的艺术画廊中，那些鲜明的理论色彩与深邃的思想深度交相辉映。在寻找沟通的可能之际，我们首先需聚焦于它们的共性，如同在一片纷繁复杂的色彩中寻找共同的语言。在这个对话的过程中，"释名以章义"（孙世哲，1990：84）成为一种有力的沟通策略。这不仅仅是一个单向的解释和阐述，更是一个双向的倾听和理解。我们不仅要展现自己的立场和阐释，更要尊重并倾听对方的观点和声音。这样的对话，不仅能够深化我们对各自理论的理解，更能在相互的激荡中产生新的思想和火花。这种讨论并非旨在达成某种固定的结论，而是一场寻求共识、彰显多样性的思想盛宴。

《构筑中国文学理论话语的新疆域——探索中西文论交融的基石与桥梁》一文中，曹顺庆、支宇两位学者深刻阐释了"异质话语的交响共鸣"（李子惟，2006：26）作为中西文学理论对话的关键策略。他们强调，在寻求中西文论深层次交融的过程中，确立恰当的对话原则和选择有效的对话途径至关重要。共同话题不仅是开展异质文论对话的理想切入点，更是构建理解桥梁的基石。这种对话模式的创新，不仅丰富了文学理论的内涵，也为我们在全球化语境下构建中国文学理论话语体系提供了新的思路和方法。通过深入挖掘中西文论的共同话题，我们能够更好地理解彼此的差异与共性，推动文学理论的发展和创新。

在西方当代文学理论的浩渺星空中，各流派犹如璀璨的星辰，各自熠熠生辉，各展所长。他们执着于某一特定议题，深挖细研，以至登峰造极，成就了一种"片面的深刻"（李子惟，2006：33）。然而，当此路不通时，他们又转身踏上新的征途，探索未知的领域。这些流派的新颖和深刻之处，往往源于其独特的立场和视角，而他们所探讨的话题，往往古老而永恒。例如，俄国形式主义的陌生化理论，旨在打破读者的阅读惯性，使之以全新的视角审视文学作品。这与我国南北朝时期的陆机在《文赋》中所提倡的"谢朝华于已披，启夕秀于未振"的理念不谋而合，即鼓励我们超越已知，探索未知。再看接受理论，它从读者的角度切入文学理论，提出读者的接受和理解是文学价值实现的关键。这一理念在刘勰的《文心雕龙》中也有所体现，他在《知音》篇中讨论了读者的偏好与作品的接受问题，提出"会己则嗟讽，异我则沮弃"（朱光潜，1987：125），即读者的接受和反应对文学作品的评价具有重要影响。虽然中西文论在时空背景上存在差异，但它们都关注着共同的话题，如创新、读者的接受等。这种跨文化的对话和比较，不仅有助于我们理解不同文化背景下的文学理论，也有助于我们拓宽视野，深化对文学本质的理解。

在追求真理与智慧的征途上，不同的路径如同登山者的选择，无论是前山的秀丽风光还是后山的峻岭险峻，每一步都是向着山顶的坚定迈进。中国古老的内陆文明与西方浩瀚的海洋文明，尽管起源天壤之别，却殊途同归地展开了对宇宙与人生的深邃思考。古希腊的"逻格斯"与中国的"道"，前者是言语之理性，后者是沉默之智慧，虽然表达方式迥异，但都致力于通过语言这一工具揭示宇宙的奥秘。文学，作为人学的核心，同样是中西文化交流的桥梁。无论是东方的华夏文明，还是西方的古希腊罗马，都致力于探讨人性的深度与广度。

第五章　中华传统美学走向世界的有效性和出路

这两种理论虽然路径各异，但殊途同归，最终都指向了同一个结论，即"病蚌成珠"，创作者在经历痛苦与挫折之后，才能创作出真正有价值的作品。（王德胜，2006：129）

中国古代文论与西方当代文论，两者皆深植于各自的文化土壤，孕育出各具特色的话语体系。对于那些浸淫于古代文论的中国读者来说，伊瑟尔所提的"文本的召唤结构"（Eagleton，1996：74）理论，无疑与华夏美学传统的"意境"理论有着异曲同工之妙。在"意境"的众多阐释中，无论是老子的"道可道，非常道；大音希声，大象无形"，还是庄子的言不尽意、得意忘言，抑或是钟嵘的"滋味"说、司空图的"韵味"说、严羽的"兴趣"说，直至王国维的"境界"说，都仿佛在讲述着同一个主题：中国文化那深不可测的体悟与领悟之道（陈良运，2005：141）。与此同时，伊瑟尔的"召唤结构"理论则站在了另一个角度，它以文本与读者的关系为出发点，探讨了文学作品如何激发读者的主观能动性，以及文本在何种程度上预设了何种结构。这种预设的结构在文本的空白、填空、追问、召唤中一点点地被揭示出来，充分展示了西方文化中逻辑清晰、追求真理的特性。尽管"召唤结构"与"意境"理论来源于不同的学术背景和文化传统，但它们在探索文学艺术规律上的目标却是殊途同归。无论是东方的意境还是西方的召唤结构，都是对文学艺术共同规律的探寻与解读，它们在不同的学术路径上照亮了人类文化的深邃与广阔。

中西文论，各自在独特的文化土壤里扎根生长，尽管有些观点与论述在外表上看似相同，然而深入挖掘，却会发现它们所依赖的结构背景与文化支撑存在本质的差异。例如，西方现象学文论在中国的传播，立刻引起了中国学者的广泛关注。这背后的原因，与现象学的"本质直观"（Eagleton，2005：102）理念与中国传统的思维方式之间存在某种契合有关。仔细审视两者，我们会发现其间的巨大差异。胡塞尔的"本质直观"是一种科学分析的方法，通过悬置经验主义的态度，实现了对事物本质的直观洞察。这种诗学理念，将"意向性主体"与"意向性客体"（黄可馨，2000：160）融为一体，与中国传统的浑然不分的主客体思维看似相通，实则大相径庭。当我们对中西文论进行深入的辨别与分析时，便能清晰地看到，这些表面上的相似之处背后，实则存在着截然不同的思维模式和出发点。这些差异不仅反映了中西文化的独特魅力，也为我们提供了更广阔的研究视野和深入的思考空间。

在华夏美学学术探讨的中国智慧中，对话的本质在于寻求深层次的理解，而非简单的胜负之争，更不应是任何一方对另一方的压制。它拒绝强势话语的单方面独白，而是倡导异质性话语间的平等共存与共生。如同春天的原野，五彩斑斓的花朵竞相绽放，每一种声音都应当得到倾听和尊重，每一种范畴都应当有其存在的空间。这样的对话过程，是一个互证互识、和谐共生的过程。我们必须清醒地意识到，若不能妥善处理中西文论之间的异质性，则有可能导致它们之间的相互遮蔽，最终造成某一方异质性的消失。保护异质性的最佳方式，便是保持其原生态，维护其独立的品格，实现真正意义上的"和而不同"（李佛雏，1987：75）。

第六章　结语

21世纪无疑是全球化浪潮席卷的时代，这一趋势不仅促使各民族文化在交融中展现出趋同性的特征，更催生了文化多样性的繁荣景象。在这样一个大背景下，中国文学与文化正怀揣着强烈的使命感，积极拓展"走出去"的战略路径，意图在全球文学与文化的舞台上发挥泱泱大国的独特优势，逐步摆脱既往对话关系中被"边缘化"的尴尬处境。全球化进程中，中西文论交流的对话主体关系如日中天，世界主义与世界文学的现代转换理念，已然成为当下国际学术领域热议的新话题。我们积极投身这一潮流对理解经典的意义，致力于构建与时俱进的问题意识与话语体系，重新勾勒世界诗学的宏伟蓝图。这不仅有助于我们以全球视野重新审视文学的本质与价值，更能帮助我们更加精准地定位中国古典文论的现代转换在世界文学版图中的坐标与分量。推动中国诗学、美学、文化学走向世界，融入世界诗学的主流格局，已然成为中西文论对话观念的主宰使命。在全球化的语境下，中国的人文学者更应发挥自身优势，积极参与国际学术对话，不断拓展研究领域与视野，为中国文学与文化的国际传播贡献自己的力量。我们期待通过多方面的努力，共同推动中国文学与文化走向世界，展现出独特的魅力和价值。

第一节　人类命运共同体的文化初心与理论逻辑

在 2014 年盛夏的六月，王宁教授精心编撰的专题研究文集《比较文学、世界文学与翻译研究》，由复旦大学出版社正式出版问世。这部融合比较文学和世界诗学的鸿篇巨制，从世界主义的独特对话文体视角出发，以全球化的宽广研究视野，深入而细致地剖析了推动中国文学走向世界文学舞台的关键问题。在这部作品中，王宁教授还深刻阐述了中国美学的现代转换与跨文化阐释之间的紧密联系，并强调了两者在推动中国文学"走出去"以及参与重构世界文学格局中的重要作用。王宁教授的这部专题研究文集不仅是对翻译学理论的深刻反思与重构，更是对全球化时代文化交流与融合趋势的积极回应。它为我们理解中国文学在世界文学中的定位和发展提供了新的视角和思路，具有重要的学理价值和当下意义。

长期以来，中西文论的审美价值观，在艺术的创作事件中，均从自己的文学标杆出发来分析作品、解读作品，使得文体隐含的诗学价值观念和整个意识形态的美化策略联系在一起。在全球化浪潮席卷的今天，时间令各国文化与文学之间的交流与对话日渐频繁，并以多元、开放的稳定样态呈现出来，为世界文学的发展提供了广阔的空间。中国文化的"出海"以及东方文学的复兴，也使得中西文论的互动与交流展现出另一崭新的可能性，即"对话的艺术"（江滢河，2007：62）。比较文学已迈向一个新的高峰，正式步入了世界文学的崭新纪元，真正意义上的世界诗学格局已经成为人们审美体验的一部分。在这个全新的阶段中，中国文论、文化的国际传播力度对于世界文学的重要价值日益凸显，引发了全球文学学者和文艺理论专家的广泛关注。这不仅推动了中国美学思想的深入发展，更在一定程度上丰富了世界诗学的内涵与外延。正如劳伦斯·韦努蒂所强调的，能同时理解两三种语言的读者在全球范围内仍是少数，从这个角度看，世界

第六章 结语

文学在很大程度上即是翻译作品的汇聚。他进一步指出："没有翻译，世界文学的概念界定将无从谈起。"（卢善庆，1991：21）随着不同国家、民族文化与文学的交流与碰撞日益频繁，世界文学的版图也在不断变化中。为了倡导真正的双向交流与平等对话，重新界定世界文学的构建版图与存在格局，并提升中国美学观念和传统文化在世界文学中的地位，我们更需充分发挥外宣翻译的中介作用。翻译不仅是语言的转换，更是文化的交流与融合，它让世界文学的梦想成为现实，也让我们在多元文化的碰撞中找寻到共同的精神家园。

在全球化浪潮汹涌的时代背景之下，中西文论对话版图中的中华美学基因传承，该书的一大亮点便是对翻译功能的崭新诠释。后殖民理论巨擘霍米·巴巴曾深入剖析翻译对于文化定位的关键角色。而中西文论对话版图中的中华美学基因传承的当代表达范式，并未一味沿袭此说，而是站在全球化的崭新维度上与巴巴展开了一场富有洞见的对话与交流，对其观点进行了深入的思考与拓展。这里，我们需要敏锐地指出，在全球文化多元共生的时代背景下，巴巴所使用的"文化"一词，主张强调文化的多元性与多样性特征，倾向于复数形式的概念。在这样的背景下，"当代表达"的翻译路式，被赋予了更为崇高的使命，即从全球文化的宏大理论视角出发，对"民族文化"的战略高度进行重新定位（relocation）。这对于中国美学基因在世界文学版图中的位置而言，更具有深远的指导意义。在这一过程中，翻译的中介和协调作用显得尤为关键，成为一个亟待解决的问题。值得一提的是，这一"传承"的历史使命与担当姿态，已经超越了简单化的语言文字转换层面，它更需要世界文学语境的积极参与和深度介入，并通过重新建构、定位中华美学的学科地位与文化高度，才能逐渐摆脱"被边缘化"的命运。

在对跨文化阐释式的中西文论对话版图的深入探讨中，中华美学理论研究的间性意蕴，巧妙地汲取了阐释学、解构主义和后殖民主义

中西文论对话版图中的中华美学基因传承与当代表达研究

当代文化表达观的概念范畴和原意精髓，以寻找和建构世界诗学新秩序的间性存在。这就不可避免地留下了诸多突破文学经典意义的自在性空白地带。这种跨越中西文化疆界的深度解读与有力再现，正是一种"缺席的在场"（李心峰，2005：164）的终极意义的无形阐释。因此，中华美学的基因传承，主要应侧重于两点：其一是追求中华民族特色的"原意"理论；其二是注重中国古典文论的现代转换。这种"缺席的在场"，让跨文化阐释式的语言符号所承载的不确定意义，始终在目标语中处于一种解构文本"本真性"的颠覆观念中，与世界诗学的理论支撑魅力相呼应，也最接近于中国诗学精神的"原作"元素，从而创造出一种既保留"忠实"风貌又带有文化全球化视域的话语体系。

中国诗学与西方文论、中华美学与世界诗学、比较文学与世界文学，都植根于全球社会发展史的历史土壤。在深入剖析并批判性综述上述理论之后，中华美学的当代表达风貌，不应仅仅停留在语言学层面的意义传递上，更扮演着文化层面的深度阐释与生动再现的角色，并且这一角色显得愈发举足轻重。当然，我们在强调跨文化阐释式转译的重要性时，中华美学的精神内核与独特风格，并没有忽视"语言始终是文化表达与传播不可或缺的工具"（牛宏宝 等，2001：108）的载体作用。然而，从科学发展史的观点来看，中国古典文论的现代化转换，更应注重从全球文化的整体视角出发，探寻如何以一种语言准确传达另一种语言中所蕴含的文化现象与精神风貌。特别是对于那些具有独特文化气质与风貌的诗学内容，当代表达的阐述研究，更应当力求忠实呈现其全貌，避免陷入片面或扭曲的误区。

在深入探讨中华美学当代语言表达的转换功能之余，本部拙著沿着中国传统文论的原理轨迹，同时注入了当今时代的现当代因子，对传统诗学和现当代文论的语符转换进行了更为深入且新颖的解读。中华美学基因传承与当代表达所凭借的文化传播媒介，远不止于单纯的

第六章 结语

语言嫁接，还包括视觉文化及多种形式的语像写作等丰富表达手段之间的互补与共生。特别是在当下这个中西文论以"对话"姿态占据主导地位的"融合时代"，我们所面对的现当代文论的合理内核，往往是文字与图像交织而成的"语符"共融体或"语像"综合体。因此，跨文化语符翻译的重要性比以往任何时期都更为凸显。面对来自中国传统文化的中华美学"语符"文本，世界诗学对中国古典文论的阅读、理解和接受，更需揭示其背后所承载的深刻历史意义的文化脉络，并将其融入目标语的文化传达语境中，从而弥合中国诗学与外国文学、与外国文论不同语言文化间的鸿沟。尤为关键的是，中华美学的基因传承，作为中华文化的璀璨瑰宝，在走向世界的跨文化语符翻译实践过程中，对于中国文化"走出去"战略的重要价值而言，蕴含着广阔的发展前景与巨大潜力。这一论述切入点，不仅丰富了世界诗学国际前沿理论的话语建构特色，更展现了国际学术对话平台的中国视角与独特贡献。

中华美学的当代语符表达与翻译理念，不仅超越了传统意义上的语言机械转换层面，还为世界诗学的宏微兼顾研究开辟了全新的视野，更是跨文化和跨艺术领域互动关系的阐释式间式拓展。如今，世界诗学的构建蓝图，与自然科学、社会科学和人文科学之间有着千丝万缕的联系。中国古典文论和中华美学的现当代转换与语符翻译，超越了语言的界限，触及了文化和艺术的本质，也逐渐走向成熟与深化，并为处在多元学科交叉点的"文学理论"学科的独立发展提供了坚实的理论支撑和现实源泉。

众所周知，翻译在中国诗学"扬帆出海"、参与全球文学版图重构的征途上，扮演着不可或缺的中介桥梁角色。然而，我们不禁要问，这一中介作用是否仅仅通过字面上的一丝不苟的直译就能完美实现呢？答案显然不尽然。相较之下，外国读者对于翻译作品的挑剔程度则要高得多，他们更看重译本语言的流畅性与地道性。因此，在将

中西文论对话版图中的中华美学基因传承与当代表达研究

中国古典文论思想推向世界舞台，特别是译成英文的过程中，跨文化阐释式的翻译方式显得尤为重要。为了提升译作在目标文化中的接受度，中国学者应与西方汉学家携手合作，采取由接受主体的某种需要而构成的一些归化翻译策略，尝试揭示中华美学的内涵及其本质，也不失为一种行之有效的策略。毕竟，中国古典文论，在全球文学的格局中，以其卓越的美学洞察力独树一帜。但遗憾的是，在后现代消费文化盛行的当下，中华美学研究的重点和难点正面临着大众文化的强烈冲击。若要改变中国诗学在国际舞台上的边缘地位，我们需要一种更加创新和多元的文化输出策略。这可能包括运用现代传播手段来推广中国文学，开展跨文化交流项目以增进外国读者对中国文化的理解和兴趣，以及采用更具创意的翻译方式，使中国古典文学作品在保持其原有魅力的同时，也能更好地适应国际市场的需求。

那么，我们深入探索一下，中华美学如何才能在国际舞台上找到属于自己的位置，真正"走出去"呢？对此，跨文化阐释式的翻译路径，无疑为我们指明了方向——正是中国文论与文化"走出去"的重要桥梁和途径。这一观点无疑为我们提供了新的视角，挑战了长期束缚中国翻译界、限制翻译及翻译学科发展的传统"信、达、雅"观念。这种跨文化的翻译策略，不仅具有深远的理论价值，更具备重要的现实意义，为中国文学在全球化背景下的发展提供了新的思路和可能。在当前大众文化与消费文化蔚然成风的时代背景下，尤其视觉文化与图像艺术逐渐占据主流地位，使得高雅文化以审美的方式走入寻常百姓家。为此，将中华美学这一富有高雅韵味的古典文化瑰宝，以创新形式如影像、动漫、舞台剧等，融入大众的日常生活视野，成为一项值得探索的传播策略。而借助跨文化语符翻译的手法，则能够帮助后现代消费社会的西方读者更好地理解和欣赏中华美学古典文论的价值欲求，实现文化的有效传播与交流。（李汝信、王德胜，2004：145）我们有理由相信，通过类似的创新传播方式，中国古典文学也能够以更加生动、直观的形象展现在西方读者的面前，进而激发他们对东方文化的兴趣和好奇心。这不仅有助于提升中国古典文学在国际文化舞台上的影响力，更能够推动中西文化的深入交流与融合。

在探究外宣翻译与跨文化阐释之间的复杂联系时，该著作采用了一种富有洞察力的辩证视角，强调了两者在中国文论与文化全球化进程中的不可或缺的角色，这无疑是对过去中国人文学术界过分倚重翻译而忽视跨文化阐释倾向的一次有力挑战。首先，就两者的辩证互动而言，作者精辟地指出，跨文化阐释并不等同于翻译的泛化。与此同时，从文化维度来看，那种机械地追求字面忠实、忽视文化意蕴的译文，便无法归入跨文化阐释的范畴。这一深刻见解，不仅有助于我们在理论层面深化对翻译与跨文化阐释关系的认识，更在实践层面为中国文学与文化的"走出去"提供了有益的启示与指导。这些实例深刻地告诉我们，要使翻译作品在跨文化传播中取得理想的接受效果，必须摒弃孤立看待翻译的观念，而是要将它置于一个更为广阔的跨文化阐释系统之中。在这个系统中，翻译虽然占据着重要地位，但也不能夸大其作用。相反，我们应该更加注重与其他跨文化阐释形式的相互配合与协作，如批评、出版、媒体等。通过多种方式的共同努力，相互补充，我们才能最大限度地提升跨文化传播的效果，使中华美学真正走向世界。其次，中华美学的审美鉴赏能力是否能够清晰、准确地传达给国际同行，实现深层次、高水平的对话，而非仅限于表面或局部层面的交流。最后，语言因素虽然不可忽视，但并非决定性的唯一因素。为了改变这一局面，我们期待更多中国人文学者能够加入到这一行列中来，发挥各自的学术优势，共同寻找中国人文学术走向世界的突破口，携手将中国文论与文化推向全球舞台，推动世界诗学的重构，使之真正具有全球性的文论意义。相信这种跨学科的学术积淀与宽广视野，必将激发更多学者为未来的人文学术研究贡献更多的中国智慧和中国方案。

第二节　世界诗学的绘制版图与范式格局

自19世纪末，世界诗学的概念应运而生。这一术语实际上是比较文学的早期形态或雏形，它是经济全球化浪潮下文学与文化相互交融、碰撞后的产物。然而，尽管有着如此深远的历史渊源与广阔的发展前景，世界诗学在随后一个多世纪的发展中，却并未沿着这条开放的道路继续前行。这不禁令人深感惋惜，也让我们不得不思考：如何在新的时代背景下，重新审视和拓展世界诗学的研究领域，使其重新焕发生机与活力？这既是对比较文学学者们的挑战，也是对整个诗学学术界的期待。

在20世纪末至21世纪初这一历史交汇点，比较文学界的学者们重新发掘了"世界诗学"这一概念，并以信息时代特有的迅捷与高效，将其迅速传播至全球的比较文学与文学研究界。这一旧词新提的背后，实际上与比较文学领域面临的种种挑战及由此引发的自我革新与边界扩张紧密相连。在全球化浪潮汹涌、文化研究风头无两的当下，人文领域的学者，特别是传统的文学研究者，已不满足于仅局限于单一的学科范畴或国别文学研究。他们纷纷拓展研究视野，涉足更广泛的人文社会语境，甚至涉足自然科学的多个领域。这种跨学科、跨文化的探索使得文学研究呈现出鲜明的"区域化"乃至"全球化"特征。从更深的层次上看，世界诗学还意味着"跨国的"或"可翻译的"，甚至具有全球的意义。这不仅是因为它所包含的审美品质具有共通性，更是因为它所承载的社会意义深远而广泛。

诚然，世界诗学的复苏不仅为传统比较文学学科走出困境与危机铺设了道路，更为文学经典的再度建构注入了新的活力。同时，世界诗学本身亦成为揭示文学客观影响及流通范围的得力工具。它辨析了世界文学与文化的两种内涵：一者，是统一的世界诗学，如同宇宙之中的一颗璀璨明珠，闪耀着文化普遍主义的光辉，凝聚着共通的审美标准与评价尺度；另一者，则是丰富多彩的世界诗学，如同百花盛开的花园，每一朵花都独具特色，彰显着不同民族和国家的文学表现与再现形式，包括其翻译与接受的千姿百态。在这一过程中，包括中国学者在内的全球学者，尤其是第三世界的学者群体，积极投身于世界诗学的讨论与学科建构中，旨在打破固有的单一模式，让国际学术界聆听到多元的声音，感受到不同文化的独特魅力。这不仅符合中国文化走向世界的战略布局，更有助于世界诗学和比较文学学科的深化与完善。（阎国忠，2001：128）

世界诗学的复兴，并非过往模式的简单复制，而是全球化浪潮下信息化时代中比较文学学者们深思熟虑的抉择。在全球化深刻影响世界各个角落、后工业社会信息化特征愈发显著的背景下，比较文学领域的学者们开始重新审视和定义世界诗学的内涵。当下，现代世界诗学的内涵和外延已得到显著扩展，摒弃了早期带有理想化色彩的"乌托邦"倾向，更多地融入了对社会现实和审美价值的深刻洞察。因此，在汲取前人研究精髓的基础上，它不仅汇聚了东西方各国优秀文学的经典之作，更是我们开展文学研究、评价和批评时所依赖的全球性与跨文化视角和比较视野。这一观点不仅体现了比较文学学者对于世界诗学的深入理解和独到见解，也为我们在全球化背景下重新审视和定义文学研究提供了新的视角和思路。可以说，世界诗学的复兴不仅是一种学术现象的回归，更是对全球化时代文学研究领域深刻变革的积极响应。

周知，对于一部文学作品能否跻身世界诗学的行列，应首先基于一套相对客观且广为认同的评判准则。这些准则具体涵盖以下几个维度：它是否深刻映射出特定时代的精神风貌，准确捕捉时代的律动；其影响力是否跨越了民族和语言的藩篱，展现出普世的价值；是否被编入权威的文学经典文集，得到学术界的广泛认可；是否作为重要教学资源，进入教科书并跻身大学课堂；以及在不同的语境下，它是否持续引发批评性的讨论与研究，保持着持久的生命力。作为全人类多元文化的共同记忆，世界诗学作品无疑兼具经典性与可读性两大核心要素。经典性代表着这些作品所蕴含的深厚审美品质，而可读性则彰显着每一部作品在个体层面所展现的广泛影响力和传播力。在具体的评价实践中，这些标准虽然具备一定的绝对性，但同样受到民族、地域和时代背景的相对性影响。在评价世界诗学时，我们应全面、客观地考量各种因素，确保评判的公正性和准确性。

在新的世纪里，世界诗学这一术语的复苏和概念的重塑，究竟带来了怎样的启示与变革？通过文学的瑰丽想象，我们得以构建多彩多姿的世界图景；反过来，世界的多元性和复杂性也为文学的发展提供了广阔舞台，有助于促使全球学者能够立足全球视角，重新审视文学与文化现象的内涵与价值。在中国这片古老而充满活力的土地上，重提世界诗学更具有独特的现实意义。它不仅有助于我们开阔视野，认识世界文学的多元与丰富；更能够帮助我们更为客观、全面地审视中国文学在世界诗学大语境中的地位与价值，进而推动中国文学与世界文学的交流与互鉴，进而更深入地阐释世界诗学与全球化、文化研究以及当代世界主义等概念之间的内在联系。（吴予敏，2001：69）

传统观念中，世界文学常被视作是各国文学经典之作的集合体，它映射出各民族文化的独特风貌，同时也呈现出一种跨越国界的伦理共通性。这一理念不仅突出了世界文学在促进文化交流方面的积极作用，但也在无形中引发了一个关于是否存在一种普遍的世界性文化精神的争论。在这个场域中，各国的文学作品得以跨越国界，为不同文化的读者带来前所未有的共鸣与启发。它反映了我们生活的多样性，同时也揭示了人类情感与经验的普遍性。当我们谈论世界文学时，我们其实是在谈论一种文化的参与和互动状态。这种状态并非简单地建立在民族文学和国别文学的对比之上，而是通过一种更为深刻的文化交流和理解来实现。这种交流和理解不仅体现在文学作品的翻译和传播上，更体现在读者对于不同文化背景的文学作品的理解和认同上。问题的关键在于，我们是否愿意承认世界文学中存在一种超越国界的"世界主义"思想。否认这种思想的存在，往往是一种狭隘的民族主义情结的体现。然而，如果我们能够摒弃这种狭隘的观念，以更为开放和包容的心态去理解和欣赏世界文学，那么我们就能够从中汲取更多的智慧和启示，共同构建一个更加多元、和谐的文化世界。

世界诗学的核心理念，提炼出"世界主义"这一概念多维而复杂的本质，使之展现为十个鲜明的面向：首先，世界主义是一种超越狭隘民族主义疆界的思想形态，旨在构建一个超越地域限制的全球化视角；其次，它以道德正义为基石，强调个体行为及社会结构应符合普世价值；世界主义还承载着一种普遍的人文关怀，致力于推动人类精神层面的交流与融合；它表现为一种四海为家的生活态度，即便身处流散状态，也能保持对多元文化的开放与接纳；它追求一种全人类幸福的境界，寄托着对世界大同的美好愿景；再者，在政治和宗教层面，世界主义同样具有深厚的影响，提倡通过超越宗派之争和政治冲突来构建和平共处的国际秩序。世界主义是实现全球治理的重要理念，有助于推动各国在共同面对全球性挑战时达成有效合作。在艺术和审美领域，世界主义促进了跨文化的创新与交融，丰富了人类的精神生活。最后，作为一种批评视角，世界主义为我们评价文学和文化产品提供了独特的标准和视角。（王攸欣，1999：170）通过揭示世界主义的多元内涵，我们能够更加准确地把握文学在塑造全球意识、促进文化交流方面的潜在力量，从而为推动文化多样性发展和全球化进程中的文化融合提供有力支持。

此外，世界诗学的精髓在于其超越了民族主义的桎梏，致力于追寻道德正义的至高境界，并彰显出一种普世情感的共鸣情怀。在世界文学的广阔天地中，超民族视角如同一把锐利的钥匙，它能引领我们公正地审视与比较各民族文学间的共通之处和独特差异，而非仅仅囿于本民族的政治历史意识形态之樊篱。在追求这一超越性视角的同时，这种普遍道德正义超越了地域和民族的界限，成为连接不同文明、促进世界和谐共生的强大纽带；而普世情怀则体现了人类对于美好未来的共同追求和对于生命尊严的普遍尊重。

"道德正义"这一理念，实则是对普遍真理与善良品质的崇高追求，它将追求事实真相与践行道德善举共同视作人类社会的根基，并为之设定了严谨的责任规范与行为指南。在求真的过程中，其最本质的特性便在于能跳脱出特定视角和历史局限，站在客观公正的立场审视世间万物。随着社会的不断发展，个体之间的互动和联系变得愈加密切。在这个过程中，人们深刻领悟到，个体的存在并不是孤立的，而是深深嵌入在社会关系之中。（潘耀昌，2002：132）因此，我们必须尊重并理解他人的价值取向，将相互认同作为共同发展的基石。这种相互友善、相互帮助的精神，逐渐成为社会普遍认同的价值观。同时，我们也认识到，具备善行的道德能力是一种值得尊敬的品质。当我们拥有这种能力时，这种基于道德能力的自我评价和情感体验，进一步强化了道德正义在个体心中的地位。在这种标准下，一个人的德性被视为其交往行为及对邻人关系上总体品质的体现。正是这种普遍认同的道德准则，引领着社会朝着更加和谐、正义的方向发展。

共同的精神追求正逐步确立为普遍的行为指南与标准，共同构筑了和谐的社会秩序，也汇聚了道德正义的凝聚力。道德正义，作为"求真"与"行善"在更高范畴的延伸，跨越了民族的界限，成为一种普遍适用的道德标杆。它不仅是对道德行为和价值体系的客观规范，更是主体意识的体现，彰显了"德性是知识"（彭锋，2006：184）的深刻内涵。真善问题，实质上反映了各民族的道德追求和精神支柱，而社会道德正义的核心目标，便是探寻如何确保正义者在现实生活中得到应有的认可和保护，使其智慧与美德得以传承与推广，进而为全社会铺设幸福的道路。善，作为道德正义的核心要义，是所

第六章 结语

有存在的最终归宿。友爱与正义，两者均与共同生活紧密相连：人们在何种范围内共同生活，便在此范围内体验友爱，亦在此范围内探讨正义的问题。因此，友爱与正义无疑成为共同生活的基石。道德正义深深植根于"共同生活"之中，表现为大众对伦理道德的普遍自觉与尊崇，进而展现出其普世价值的独特魅力。

"普世价值"（莫小也，2002：71）这一术语，承载了"普遍""通用"与"世界性"的深刻内涵。其"普世"之概念，可追溯至欧洲中世纪的宗教语境，寓意着"遍布天下"，与中国文化中的"普度众生"有着异曲同工之妙。在人类的天性中，潜藏着向善的渴望与理性的光辉。在这些普遍性的人类特质驱动下，我们逐渐孕育出了一种超越时代与地域界限的"普世价值"。诸如民主、自由、人权、公平、正义、平等与博爱等理念，均是人类向善天性与理性思维的结晶。可以说，普世情怀是对人类德性的广泛运用与深刻体现。自古希腊哲人柏拉图起，人类便怀揣着对理想城邦的憧憬，期望通过德性的最大化发挥，实现全体人民的幸福与城邦的整体和谐。每个人的"善生"，都体现在对现实生活中"正义"行为的不懈追求。而个人"正义"的实现，又离不开德性的协调统一。这意味着，人的欲望与激情应受到理智的制约，通过德性知识来引导行为，从而在道德实践中展现智慧、勇敢与节制的和谐统一，最终成就一个真正的正义之人。这个过程中，普世价值不仅成为个人道德修养的指南，更成为构建和谐社会的重要基石。

普世价值作为一种深入人心的道德标准，展现出了三重独特的特征。首先，它是超越民族的道德金律，为各民族所共同遵循。无论民族贫富强弱，普世价值的严肃性和权威性均不容忽视，任何民族都不可因其特殊地位而置身事外。其次，普世价值不仅仅停留在理论层面，更是社会广泛认同的道德评价准则，为我们审视和评判行为方式提供了有效参照。最后，普世价值的核心目标是寻求道德共识，促使不同文化背景的人们能够在共同的道德框架内相互理解和尊重。对于世界文学研究而言，我们需要摆脱传统民族主义的束缚，建立一种超越民族界限的全新思维模式。我们应当致力于弘扬一种类似"世界主义"的超民族主义视野，以此推动比较文学和文化研究不断迈向新的高度。（莫小也，2002：74）这是我们每一位研究者应当追求的目标，也是为构建人类命运共同体贡献力量的重要途径。

实际上，世界诗学的超民族性不仅不排斥民族文化的多样性，反而为各种民族文化提供了交流与融合的平台。普世价值并非意味着一种凌驾于其他价值体系之上的霸权，而是对全人类共同追求幸福、和谐等普适理念的体现。这种世界主义具有流散状态，消解了中心意识，并主张多元文化认同。它的目标并非单一的文化霸权，而是追求全人类幸福的世界大同境界，这种追求实则带有政治和宗教信仰的色彩。这种共识并非强加于人，而是在尊重和理解各种民族文化的基础上，寻求一种共同的理念和目标，以推动全球文明的和谐发展。世界文学的超民族性并非对民族话语权的剥夺，而是一种促进文化交流与融合、推动全球文明和谐发展的重要力量。

"全球化"并不是一种简单趋于同质的过程，它更像是一个催化剂，为各民族共同繁荣提供源源不断的动力。每一民族的发展脉络，无不深深扎根于丰富多彩的传统文化土壤之中，这种深厚的传统联系，是我们无法割舍的精神纽带。这种多元性，体现的是我们对文化多样性的尊重和包容。我们应该摒弃狭隘的民族主义和文化优越心理，积极拥抱文明对话和交流的机遇。在价值共识的基础上，我们应以更加开放的心态去理解和欣赏不同民族的文化精髓，从而推动文明间的互鉴和共融。对他者状况的意识和认知，使我们深刻认识到，我们并非孤立的存在，而是共处于同一个地球村。我们共同的存在，是一个不容忽视的事实。"共同存在"不仅是一个重要的文化命题，更是我们追求全人类幸福的必由之路。（邢建昌、姜文振，2001：72）

在追求善的过程中，我们发现了仁爱的重要性。仁爱是一种指向理性主体之公共的自然幸福的趋向，它代表着我们对他人和社会的关爱和尊重。只有当我们以仁爱之心去行动，才能真正实现个人的幸福和社会的和谐。因此，追求善不仅是获得幸福生活的根本前提，更是我们道德正义中的核心理念。我们应该将善作为我们行为的准则和指南，以善的行为去推动社会的进步和发展。

从伦理学的视角出发，这种超越性存在可以被赋予"神"的属性，作为超越束缚的终极力量，是正义、美和善良的源泉。人们对善的追求，无疑具有一种宗教信仰般的崇高感。同时，在多元文化的交流与碰撞中，"追求全人类幸福"的理念也在不断地调整与升华，寻求更为广泛的思想共识，并逐步发展成为一种多维度呈现的普世价值。这种价值共识对于消除歧视、纠正偏见具有重要的作用。通过共同的价值追求，我们可以超越差异，实现和而不同的和谐共生，为全人类的共同福祉不断贡献智慧与力量。

在世界诗学的文学语境中，世界主义理念突破了宗教特定精神信仰的束缚，以伦理维度构建了一种普遍认可的共识。这种共识不仅是对文化多样性的尊重与包容，更是通过对话交流，寻求各民族共同恪守的普世价值。这种伦理共识，实质上是一种追求和平共处、避免冲突的道德理想和文明愿景。当我们提及"追求全人类幸福"时，实际上是在向往一个全球范围内平等、和谐的理想状态。在这个多元化的世界中，凝聚价值共识显得尤为重要，它是实现和平共处与协同发展的关键所在。从社会层面来看，道德正义的内涵也在不断扩展。它涵盖了生存的正义、自由的正义、平等的正义等多个方面。在这个过程中，人们自觉地遵守社会制度，评判行为是否符合社会规范，共同为创建和谐的社会秩序贡献力量。这种对道德正义的追求，不仅体现了人类文明的进步，更为我们指明了未来社会发展的方向。

概括而论，世界诗学的多元特质与价值共识，既要求我们承认和接纳多样化的现实存在，甚至在道德层面上认定其正当性；又需我们坚守超越个体、团体、民族及文化疆界的普遍性精髓。因此，世界诗学应同时注重多元性与同一性的二元统一，在个体与群体、本土与全球的多维视角间寻找平衡，以"求同存异"的智慧实现长远进步。与此同时，随着理解的深化与交流的加强，"同一精神"（宗白华，1994：92）的内涵不断丰富与拓展。可以说，世界文学的多元格局与价值共识为各民族文化的繁荣提供了更为辽阔的舞台，全球化进程亦加速了价值认同意识的深化与广度，从关注个体幸福扩展到对全人类福祉的深沉思考。

其实，早在 1848 年，马克思与恩格斯在《共产党宣言》中便睿智地洞察了世界文学的跨民族性本质。他们深刻指出："资产阶级的市场扩张使得全球的生产与消费日益融为一体，昔日那种局限于一隅的地方性和民族性闭关自守、自给自足的状态已然瓦解，取而代之的是各民族在各个领域间的频繁交往与相互依赖。物质生产如此，精神生产亦不例外。各民族的精神创造成果不再囿于一隅，而是成为全球共享的文化财富。民族的片面性与狭隘性日渐消解，取而代之的是由无数民族和地方文学共同汇聚而成的世界文学洪流。"（Eagleton，1970：185）马克思与恩格斯虽然为世界文学的跨民族性研究指明了方向，但真正为世界文学研究提供具体维度的，当属王宁教授关于世界主义的深入阐释。王教授提出的世界主义，既包含了对艺术和审美追求的全球视野，又涵盖了用以评判文学与文化产品的批判视角，还蕴含着实现全球治理的远大理想。这一理论框架为世界文学研究提供了坚实的理论基础和宽广的研究空间。这意味着，在探究世界文学的过程中，我们不仅要关注各民族文学的共性审美特征，还要深入挖掘其独特的文化现象，更要站在全球发展的高度，思考世界文学在全球化浪潮中的角色与使命。

深入探讨世界文学的艺术审美维度，我们似乎可以从法国社会学家与人类学家布尔迪厄的洞察中汲取灵感。他提出:"美学研究不应局限于抽象的、与生活实践脱节的美的概念探讨,而应深入挖掘广泛渗透于人民群众生活实践中的美学品位及其在生活风格中的具体体现。"(Levenson,2000:90)这一观点为我们理解世界文学的艺术审美提供了崭新的视角。这种研究不再局限于人们对美的感官追求的单一维度,而是深入到当下人们的生活风格、生活品位以及生活心态的美学价值探讨。它跨越了文学的边界,涉及美学、历史、文化、生活等多个领域,成为一种综合性的复合研究。这种复合研究不仅揭示了世界文学的丰富内涵,也为我们理解社会文化整体审美价值提供了有力的工具。审美化生存的理念主张一种德性生活,这反映了人类社会的价值共识。然而,我们需要注意到,生存美学具有多样态的特征。因此,评判世界文学时,我们既要看到其普遍的、共同的美学原则,也要认识到这些原则在不同文化、不同时代中的相对性表现。忽视这种二元性,无论是过分强调普世性还是过分强调相对性,都可能导致我们走向极端或陷入虚无主义和相对主义的误区。这种海纳百川的胸怀不仅有助于我们更深入地理解世界文学的多样性,也能帮助我们更好地把握其共同的美学原则。(蔡仲德,2004:98)

在全球文化的交流激荡之中,世界文学作为一面明镜,深刻反映了各民族文化的多彩多姿。正如巴赫金所洞察的那样,即便不同文化在对话中交锋,它们也不会简单地融为一体,而是在保持各自独特性的同时,相互汲取、相互充实。在全球化的语境下,通过形式多样的交往,我们不断加深对不同民族文化的理解,从而在"自我"与"他者"(陈振濂,2000:117)的张力中找到自身的文化定位。未来的文学研究,将在全球化的视野下更加关注地域性、民族性的维度。这种研究不仅揭示全球性因素对世界文学的影响,更深入挖掘地域性特征所赋予的独特魅力。超民族主义的诗学理念倡导一种跨越民族界限的文学研究范式,它要求我们在不同的文化语境中灵活调整自己的文化立场，同时借助共同的价值认同，强化行动的协同性。世界主义视角下的世界文学，既揭示了不同文学作品之间的可比性，又展现了它们所共有的精神内核。这种普遍性不仅体现在文学作品所传递的仁爱理念上，更在于它所能激发的全人类的共同追求和幸福愿景。通过自我反思、尊重荣誉以及相互协作，我们可以共同构建一个更加和谐的世界文化格局。世界文学的另一重要特征在于其跨国界的翻译与传播。这一过程既是对民族文学特色的传承与创新，也是对异质文化理解差异的直观反映。尽管世界文学可以作为展示民族形象的重要载体，但我们不能仅仅满足于"自信"和"自我尊重"的单向表达。真正的文化自信，应当建立在与他人的平等对话和相互认同基础之上。由此可见，世界文学研究不应仅局限于艺术审美的层面，更需在此基础上深入挖掘文化特色的精髓，并细致分析文化间的互动模式与动态过程。

最终，我们触及到世界诗学的深邃现实关怀。在全球化的语境下，世界呈现出两个显著特征：一是无所不在的广泛联系性，使得各国相互依存、相互影响；二是日益凸显的全球性意识，人们逐渐认识到共同命运与责任的重大。一方面，它必须深入现实生活的各个层面，关切与人们息息相关的实际问题，从中探寻文学创作的灵感与动力；另一方面，它也要放眼全球，关注那些超越国界、具有普遍意义的重大议题。（顾卫民，2005：131）通过世界诗学的现实关怀，我们可以推动各国之间开展平等对话。这种对话不仅能够增进相互理解，更能共同创造出一种全新的生活意义，使人类社会在和谐中共进。此外，世界诗学的长远目标还在于消解狭隘的民族主义情绪，构建一个和谐共生的全球性社会。

在全球化的浪潮中，世界诗学正以其普世情怀与价值共识中的"善生"理念，不断拓展和深化其伦理内涵，逐步从个体审美体验上升为社会整体秩序的构筑，进而触及到世界各国的发展轨迹。在这一过程中，世界诗学不仅是对个体品质的塑造，更是对全球公民意识的深度提升。世界诗学的作用不仅限于激发个体的生存自尊，它更是一种世界观的拓宽、道德观的深化和人生观的升华。它鼓励我们超越自我，将个人存在融入一个更为广阔的、多元的关系网络中，其中包括与其他个体、其他民族的交流互鉴。在这个意义上，世界诗学的价值不仅在于其审美意义，更在于其对人类共同未来的深刻洞察。它提醒我们，在面对全球化的挑战和机遇时，我们需要树立一种更加开放、包容和合作的世界观，通过共同努力，为后代留下一个充满文化多样性和自然资源丰富的世界。（陈望衡，2005：122）

这三个研究视角共同揭示了世界诗学的跨民族普世性、包容性以及推动性等多重特质。世界诗学的角色定位远非仅仅作为民族文化的展示窗口，它更是一种推动文化交流与社会进步的积极动力。借助王宁教授所提出的"世界主义"理念来深入剖析世界文学的属性，可以有效地缓解某些学者在民族身份认同方面的焦虑情绪。这种世界文学观，不仅凸显了中国学者那份独特的、包容万象的世界性视野，更是有力地消解了长久以来中国学者对文学批评"西方化"倾向的疑虑。它倡导的是一种放眼全球的宏阔视野，旨在构建一种超越民族疆界、具有世界共通性的学术话语体系。这种观念不仅是对西方文学理论的批判性继承，更是对中国文学传统与现代性转型的深刻反思与前瞻性探索。更重要的是，世界诗学的构筑实践范式，将激励更多国内学者以世界主义的眼光参与国际学术对话，共同推动中国学术和文化在全球范围内发挥更大的影响力。

第三节　中华美学的拓展空间与未来走向

在西方文学与文化理论遭遇瓶颈之际，中国的学术舞台上却掀起了一股引人注目的浪潮。这一变革性的现象不仅引起了高校教师和科

中西文论对话版图中的中华美学基因传承与当代表达研究

研人员的广泛关注，更是有众多颇具影响力的学者型理论家积极投身其中，努力推动中国当代文论的国际化进程。其中，近年来在国际文论界频频崭露头角的张江教授，便是这一潮流中的杰出代表。他的理论命题和观点独到而深刻，既强调对国外文学理论的批判性吸收和借鉴，又注重中华美学基因传承与当代表达范式的国际化发展态势和理论话语构建，旨在将中国自己的文学理论推向国际舞台。在批判西方文论的同时，张江教授从中国文学理论批评的实践出发，提出了一系列切实可行的对策，以推动中国文论走向国际化。这些对策不仅具有理论深度，更体现了深刻的文化自觉和自信。同时，作者还结合自己的国际化实践，探讨了中国当代文学理论的国际化路径和对策，为中国文学理论的未来发展提供了有益的参考和启示。这一研究不仅有助于提升中国文学理论在国际学术界的影响力，也为中国文化的国际化传播贡献了重要力量。

自 21 世纪初以来，中国人文学术研究的全球化征程已成为学界同仁和导师们共同的追求和愿景。在这场波澜壮阔的学术征程中，我国的比较文学与文学理论学者以先锋之姿，砥砺前行，为中国人文学术融入全球学术大潮中铺设了坚实的基石。无数具有前瞻视野的学者，以坚定的信念和不懈的努力，在推进中国人文学术国际化的道路上攻坚克难，虽步履维艰却不断前行，取得了一系列令人振奋的进展。我们将结合实际案例，分析成功经验，提出富有创意的见解和建议，以期为广大读者和专业理论工作者提供有益的启示和借鉴。

进入 21 世纪以来，中国文学理论批评界掀起了一股热议的浪潮，其核心议题充分展现了中国当代文学理论批评界的活力与热忱。我们欣喜地观察到，针对中华美学当代表达研究的国际化议题，众多具有广泛影响力的学者型批评家已经洞察其重要性，并付诸实践。在深入探索中国文学理论话语的全方位建构时，我们不难发现，这一建构是一个立体且完整的价值体系，它囊括了文学本体论的探讨、文学创作的技巧与理念、文学接受的方式与途径，以及文学发展的历程与未来。每一个方面都是对中国文化深邃而独特的理论思考的展现。国学泰斗季羡林先生曾精准地指出，中国文化拥有无与伦比的博大精深，我们在文论话语方面的积淀，绝非贫瘠，而是如珠玑般璀璨。我们拥有一套完整且独特的文论话语体系，这与西方文论有着鲜明的差异。鉴于此，针对中国文论界的现状，"融入世界，与西方平等对话"（金雅，2005：77）的理论策略，就意味着我们需要全方位回归中国文学实践，深入挖掘和传承本土文学传统；并在坚持民族化方向，弘扬中华民族的文化精神特色的基础上，与西方文论进行深入的交流与碰撞，以实现外部研究与内部研究的辩证统一。具体而言，在这个时代，中华美学固有的思想意蕴与艺术成就，在经历跨学科的循环之后，终将重返文学本身，回归其本原的职能——深入对文学本体的探究与钻研。

中华美学具备自己的独特性和异质性。这并不意味着我们要完全摒弃西方的理论成果，或者一味地闭关自守、孤芳自赏。相反，我们应该在吸收和借鉴西方理论的同时，注入中国的元素和特色，使之成为一种既有国际视野又具中国特色的文学理论。它为我们展示了在全球化背景下，中国当代文学理论如何以开放包容的姿态，既吸收西方的理论精髓，又彰显自身的文化特色，进而在国际文论界中发出独特而有力的声音。过去十余年间，通过不懈的交流与对话，我们逐步在国际文学理论界中发出了中国自己的声音。从这个角度看，这一变化，无疑标志着我们在这方面的国际化进程取得了可观的进展。我们不能忽视这一重要进展，更不能低估其在推动中国当代文学理论发展方面的作用。这是一个充满希望与挑战的过程，也是我们不断追求文学理论创新与发展的重要途径。这既提醒我们要更加深入地理解西方理论，也激发了我们探索本土文学理论特色的动力。通过对话与交流，我们可以逐步消弭误解，增进理解，推动中西方文学理论的共同发展。鉴于当前文学理论批评领域的多元化和复杂性，我们迫切需要进行深入的沟通与对话。这种交流和对话不仅有助于我们寻求广泛的共识，更是推动文学理论批评健康发展的关键所在。只有通过彼此倾听、相互理解，我们才能不断突破固有观念的限制，开拓出新的理论视野，从而引领文学理论批评迈向更为宽广、成熟的未来。展望未来，我们有理由相信，中国文学理论研究将在国际舞台上发出更加响亮的声音，为推动世界文学的繁荣与发展贡献更多中国智慧和中国力量。（杜卫涛，2004：136）

此外，"世界诗学"之理论构想愿景的现实回应，让中西方文学理论在对话中相互借鉴、共同发展。在这个全球化的崭新纪元里，我们见证了一个前所未有的文化交融盛景，这无疑为"世界诗学"或"世界文论"的崭露头角孕育了肥沃的土壤。这一发展趋势，犹如一阵清新的春风，为中国的文学理论家们吹响了前进的号角，赋予了他们前所未有的发挥空间和大展拳脚的舞台。在这一宏大的历史进程中，中国的文学理论家们不仅承载着深厚的文化底蕴，更拥有敏锐的时代洞察力和独特的创新思维。我对于这一时代的到来充满信心，相信中国的文学理论家们能够抓住这一历史机遇，为世界文学的发展注入新的活力和动力。同时，我们中华美学基因传承与当代表达研究的广泛影响，也将不遗余力地为推动这一时代的到来贡献自己的力量，期待与同行们共同见证和参与这一文学史上的伟大变革。

参考文献

一、西方文论研究论著

Abrams M H, 1953. *The Mirror and the Lamp: Romantic Theory and the Critical Traditio* [M]. Oxford: Oxford University Press.

Abrams M H, 2004. *A Glossary of Literary Terms* [M]. Shanghai: Foreign Language Teaching and Research Press. Bradbury M & McFarlane J, 1976. *Modernism: 1890-1930* [M]. London: Penguin.

Brook-Rose, Christine, 1981. *A Rhetoric of the Unreal* [M]. Cambridge: Cambridge University Press.

Culler, Jonathan, 1997. *Literary Theory: A Very Short Introduction* [M]. Oxford: Oxford University Press.

Eagleton, Terry, 1970. Exiles and Émigrés: *Studies in Modern Literature* [M]. London: Chatto and Windus Ltd.

Eagleton, Terry, 1996. *Literary Theory, an Introduction* [M]. Minneapolis: University of Minnesota Press.

Eagleton, Terry, 2005. *The English Novel, an Introduction* [M]. Oxford: Blackwell Publishing.

Edel, Leon & Gordon, N. Ray, 1958. *Henry James and H. G. Wells* [M]. London: Rupert Davis.

Levenson, Michael, 2000. *Modernism* [M]. Shanghai: Shanghai Foreign Language Education Press.

Lukacs, Georg, 1964. *Realism in Our Time: Literature and the Class Struggle* [M]. Trans. John and Necke Mander. New York and Evanston: Harper and Row.

Martin, Wallace, 1986. *Recent Theories of Narrative* [M]. Ithaca: Cornell University Press.

Moi, Toril, 1985. *Sexual / Textual Politics: Feminist Literary Theory* [M]. London: Methuen.

Moore G E, 1903. *Principia Ethica* [M]. Cambridge: Cambridge University Press.

Plato, 1888. *The Republic* [M]. Book 6. Trans. B. Jowett. Oxford: Clarendon Press.

Qian, Zhaoming, 2003. *The Modernist Response to Chinese Art* [M]. Charlottesville and London: University of Virginia Press.

Selden, Raman, 1988. *The Theory of Criticism: from Plato to the Present* [M]. London: Longman Group UK Limited.

Selden, Raman, 2004. *A Reader's Guide to Contemporary Literary Theory* [M]. Beijing: Foreign Language Teaching and Research Press.

Smith, James Harry, 1967. *The Great Critics: An Anthology of Literary Criticism* [M]. New York: W. W. Norton & Company.

Stein, Murray, 1998. *Transformation: Emergence of the Self* [M]. College Station: Texas A & M University Press.

Thickstun W R, 1988. *Visionary Closure in the Modern Novel* [M]. London: Macmillan.

Watt, Ian, 1963. *The Rise of the Novel: Studies in Defoe, Richardson and Fielding* [M]. London: Chatto & Windus.

二、中国现代美学研究著述

蔡仲德,2004. 中国音乐美学史[M]. 北京:人民音乐出版社.

陈良运,2005. 美的考索[M]. 南昌:百花洲文艺出版社.

陈瑞林,2006. 20世纪中国美术教育历史研究[M]. 北京:清华大学出版社.

陈望衡,2000. 20世纪中国美学本体论问题[M]. 长沙:湖南教育出版社.

陈望衡,2005. 中国美学史[M]. 北京:人民出版社.

陈望衡,2007. 审美伦理学引论[M]. 武汉:武汉大学出版社.

陈伟,1993. 中国现代美学思想史纲[M]. 上海:上海人民出版社.

陈文忠,2001. 美学领域中的中国学人[M]. 合肥:安徽教育出版社.

陈元晖,1981. 王国维与叔本华[M]. 北京:中国社会科学出版社.

陈振濂,2000. 近代中日绘画交流史比较研究[M]. 合肥:安徽美术出版社.

戴阿宝,李世涛,2006. 问题与立场:20世纪中国美学论争辩[M]. 北京:首都师范大学出版社.

杜卫涛,2004. 审美功利主义:中国现代美育理论研究[M]. 北京:人民出版社.

顾卫民,2005. 基督宗教艺术在华发展史[M]. 上海:上海书店出版社.

黄可馨,2000. 上海美术史札记[M]. 上海:上海人民美术出版社.

黄时鉴,2001. 东西交流论谭[M]. 上海:上海文艺出版社.

江滢河,2007. 清代洋画与广州口岸[M]. 北京:中华书局.

金雅,2005. 梁启超美学思想研究[M]. 北京:商务印书馆.

李佛雏,1987. 王国维诗学研究[M]. 北京:北京大学出版社.

李汝信，王德胜，2000. 美学的历史：20世纪中国美学学术进程[M]. 合肥：安徽教育出版社.

李汝信，王德胜，2004. 中国美学[M]. 北京：商务印书馆.

李心峰，2005. 20世纪中国艺术理论主题史[M]. 沈阳：辽海出版社.

李子惟，2006. 王国维哲学译稿研究[M]. 北京：社会科学文献出版社.

刘悦笛，2006. 美学的传入与本土创建的历史[M]. 北京：商务印书馆.

卢善庆，1988. 王国维文艺美学观[M]. 贵阳：贵州人民出版社.

卢善庆，1991. 中国近代美学思想史[M]. 上海：华东师范大学出版社.

莫小也，2002. 十七-十八世纪传教士与西画东渐[M]. 杭州：中国美术学院出版社.

聂振斌，1984. 蔡元培及其美学思想[M]. 天津：天津人民出版社.

聂振斌，1986. 王国维美学思想述评[M]. 沈阳：辽宁大学出版社.

聂振斌，1991. 中国近代美学思想史[M]. 北京：中国社会科学出版社.

聂振斌，2004. 中国古代美育思想史纲[M]. 郑州：河南人民出版社.

牛宏宝，张法，吴琼，吴伟，2001. 汉语语境中的西方美学[M]. 合肥：安徽教育出版社.

潘耀昌，2002. 中国近现代美术教育史[M]. 杭州：中国美术学院出版社.

彭锋，2006. 引进与变异：西方美学在中国[M]. 北京：首都师范大学出版社.

邱明正，于文杰，1998. 中华文化通志·美育志[M]. 上海：上海人民出版社.

孙世哲,1990. 蔡元培鲁迅的美育思想[M]. 沈阳: 辽宁教育出版社.

谭好哲,刘彦顺,2006. 美育的意义: 中国现代美育思想发展史论[M]. 北京: 首都师范大学出版社.

陶亚兵,1994. 中西音乐交流史论稿[M]. 北京: 中国大百科全书出版社.

陶亚兵,2001. 明清间的中西音乐交流[M]. 北京: 东方出版社.

汪毓和,2005. 中国近现代音乐史[M]. 北京: 人民音乐出版社.

王德胜,2006. 创世之音: 中国美学1900—1949 [M]. 北京: 首都师范大学出版社.

王敏泽,1987. 中国美学思想史[M]. 济南: 齐鲁书社.

王镛,1998. 中外美术交流史[M]. 长沙: 湖南教育出版社.

王攸欣,1999. 美学比较研究[M]. 北京: 三联书店.

吴予敏,2001. 美学与现代性[M]. 北京: 人民出版社.

肖朗,2000. 王国维与西方教育学理论的导入[M]. 杭州: 浙江大学出版社.

邢建昌,姜文振,2001. 文艺美学的现代性建构[M]. 合肥: 安徽教育出版社.

阎国忠,2001. 美学建构中的尝试与问题[M]. 合肥: 安徽教育出版社.

杨河,邓安庆,2002. 康德黑格尔哲学在中国[M]. 北京: 首都师范大学出版社.

杨念群,黄兴涛,毛丹,2003. 新史学: 多学科对话的图景[M]. 北京: 中国人民大学出版社.

杨平,2000. 多维视野中的美育[M]. 合肥: 安徽教育出版社.

杨平,2002. 康德与中国近代美学思想[M]. 北京: 东方出版社.

姚全兴, 1989. 中国现代美育思想述评[M]. 武汉: 湖北教育出版社.

叶嘉莹, 1997. 王国维及其文学批评[M]. 石家庄: 河北教育出版社.

袁济, 2006. 承续与超越: 20世纪中国美学与传统[M]. 北京: 首都师范大学出版社.

张本楠, 1992. 王国维美学思想研究[M]. 台北: 文津出版社.

张辉, 1999. 审美现代性批判: 20世纪上半叶德国美学东渐中的现代性问题[M]. 北京: 北京大学出版社.

章启群, 2005. 百年中国美学史略[M]. 北京: 北京大学出版社.

郑工, 2002. 演进与运动: 中国美术的现代化[M]. 南宁: 广西美术出版社.

郑元诸, 2003. 20世纪中国美学: 边际化及发展策略漫议[M]. 沈阳: 沈阳出版社.

周锡山, 1992. 王国维美学思想研究[M]. 北京: 中国社会科学出版社.

朱光潜, 1987. 朱光潜全集[M]. 合肥: 安徽教育出版社.

宗白华, 1994. 宗白华全集[M]. 合肥: 安徽教育出版社.

邹华, 2003. 20世纪中国美学研究[M]. 上海: 复旦大学出版社.

三、相关研究译著类

〔美〕艾尔曼, 1995. 从理学到朴学: 中华帝国晚期思想与社会变化面面观[M]. 赵刚, 译. 南京: 江苏人民出版社.

〔美〕艾尔曼, 1998. 中国文化史的新方向[M]. 赵刚, 译. 南京: 江苏人民出版社.

〔美〕爱德华·霍尔, 1988. 超越文化[M]. 何延安, 等译. 上海: 上海文化出版社.

〔美〕爱德华·霍尔,1991. 无声的语言[M]. 刘建荣,译. 上海:上海人民出版社.

〔美〕爱德华·萨义德,1999. 东方学[M]. 王宇根,译. 北京:生活·读书·新知三联书店.

〔古希腊〕柏拉图,2003. 柏拉图全集[M]. 王晓朝,译. 北京:人民出版社.

〔德〕鲍姆加登,1998. 诗的感想:关于诗的哲学默想录[M]. 缪灵珠,译. 北京:中国人民大学出版社.

〔德〕鲍姆伽通,2006. 美学[M]. 李醒尘,译. 上海:华东师范大学出版社.

〔美〕道格拉斯·凯尔纳,2008. 文化政治学读本[M]. 游建荣,译. 北京:商务印书馆.

〔德〕海德格尔,2018. 存在与时间[M]. 陈嘉映,王庆节,译. 北京:商务印书馆.

〔英〕迈克尔·苏立文,1998. 东西方美术的交流[M]. 陈瑞林,译. 南京:江苏美术出版社.

〔荷兰〕斯宾诺莎,1958. 伦理学[M]. 贺麟,译. 北京:商务印书馆.

〔美〕威廉·巴雷特,1995. 非理性的人:存在主义哲学研究[M]. 杨照明,艾平,译. 北京:商务印书馆.

〔英〕维特根斯坦,1996. 哲学研究[M]. 李步楼,译. 北京:商务印书馆.